泥石流冲击荷载模拟与岩土动力稳定分析

刘　晓　马俊伟　张　抒　著

国家自然科学基金项目（42072314、41572279）
中国博士后科学基金项目（2014T70758、2012M521500）
联合资助

科学出版社
北　京

内 容 简 介

本书是地质工程学科中泥石流灾害评估方面的专著。本书将系统地介绍作者所提出的泥石流冲击荷载新型模型，以及基于岩土体点稳定系数场时空变化规律的动力稳定性和可靠性分析方法。本书共分 7 章，在回顾既有泥石流冲击荷载模型的基础上提出新型模型，详细论述新型模型的优良特性，提出动力冲击条件下岩土稳定性和可靠性分析的新方法，详细剖析实现上述新型模型、新方法的 FLAC3D 二次开发动力分析程序，最后以马达岭泥石流对高速公路隧道的影响为例，开展综合案例分析。

本书可供地质工程、土木工程、交通运输工程、环境工程、水利工程等领域的科研人员和专业工程技术人员参考，也可作为高等院校和科研院所研究生的教学参考用书。

图书在版编目（CIP）数据

泥石流冲击荷载模拟与岩土动力稳定分析/刘晓，马俊伟，张抒著. —北京：科学出版社，2021.12

ISBN 978-7-03-070897-7

Ⅰ.①泥… Ⅱ.①刘… ②马… ③张… Ⅲ.①泥石流-冲击载荷-动力学模型 ②泥石流-岩土动力学-稳定分析 Ⅳ.①P642.23

中国版本图书馆 CIP 数据核字（2021）第 264628 号

责任编辑：何 念/责任校对：高 嵘

责任印制：彭 超/封面设计：无极书装

科学出版社 出版

北京东黄城根北街 16 号

邮政编码：100717

http://www.sciencep.com

武汉中科兴业印务有限公司印刷

科学出版社发行 各地新华书店经销

*

开本：787×1092 1/16

2021 年 12 月第 一 版 印张：10

2021 年 12 月第一次印刷 字数：234 000

定价：88.00 元

（如有印装质量问题，我社负责调换）

前言 Foreword

泥石流是我国西部地区常见的地质灾害之一。随着“一带一路”倡议的稳步推进，以山岭地区高速公路建设为代表，大量工程面临着如何评估泥石流冲击荷载下承灾体的稳定性问题。泥石流冲击荷载的计算模型是支挡结构、隧道、桥梁、涵洞等交通设施的重要设计依据。尽管基于不同的假设条件，各国专家学者已经提出过多种泥石流冲击荷载计算模型，但是其解决问题的通常模式是：采用静态的观点来看待原本动态的问题，即以拟静力的方式评估泥石流的最大冲击荷载，并将此作为泥石流支挡工程、防护工程及其他岩土和结构工程的荷载设计依据。而实际情况是：作为典型的固液两相流体，泥石流的冲击过程本质上是一个典型的动力学问题。遗憾的是，现有的泥石流冲击荷载的计算模型在采用拟静力的方式对原本的动态问题进行高度简化的同时，不可避免地丢失了泥石流物理力学过程的动力学细节，而查明这些细节及其背后的规律无论是对丰富泥石流动力学研究本身，还是对深入推进岩土工程精细化设计，都是至关重要的。

因此，业内呼唤在方法架构上对泥石流冲击荷载的动力特性及承灾体的稳定性问题做更加深入的研究。在此背景下，本书进行以下三个方面的探索。

第一，提出一种泥石流冲击荷载新型模型。该新型模型摒弃传统的拟静力框架，与传统模型相比，新型模型具备刻画泥石流动荷载更多细节特征的能力，这些细节特征包括动荷载的三个要素（振幅、频率和持续时间）及泥石流大型块石冲击的随机过程，因而具有明显的优势。同时，提出新型模型衍生的简化模型，使得读者可以根据自身所面对的工程状况加以选择、利用。鉴于泥石流冲击荷载是防护结构、隧道、桥梁、涵洞等交通设施的重要设计依据，新型模型的提出为接下来开展承灾体的动力反应分析奠定了基础，并且新型模型在生产实践中具有广阔的应用前景。

第二，提出一种新的围岩动力稳定性和可靠性分析方法，以评估泥石流对承灾围岩的影响。这一方法分别从稳定性和可靠性两个层次将动力稳定性研究推向深入。在稳定性分析方面，新方法建立在联合强度理论下围岩点稳定系数场的基础上，通过揭示瞬时点稳定系数场的时空变化规律，来实现岩土动力稳定分析。在可靠性分析方面，基于瞬时点稳定系数时间历程定义点失效概率，继而获得失效概率在空间的分布规律，也就是失效概率场。新方法对围岩失效与否的判别不依赖于经验阈值，比传统的基于位移阈值的围岩稳定性评估方法在力学理论的严格性上有明显的优势，并且可以摆脱对位移阈值的选取强烈依赖于技术人员工程经验的弊端，所得到的评估结果人为主观扰动少，更倾向于客观。

第三，采用在 FLAC3D 平台上二次开发的方式，完整地实现从泥石流冲击荷载的生成，到围岩动力稳定性分析，再到可靠性分析的全过程。如果说前两个方面的探索为评估泥石流冲击条件下岩土的动力稳定性问题提供了新的理论增长点，那么第三项探索则是将上述两个方面的探索结合起来，为评估泥石流冲击条件下岩土体的动力稳定性问题提供一种新方法集成架构上的尝试，并将其做成软件产品。在程序开发中，本书将解决一些技术实现上的障碍，特别是在点稳定系数场的程序实现上，提出并实现伴随变量的设计思路。虽然 FLAC3D 提供性能优异的岩土动力分析计算引擎，以及丰富的二次开发函数接口，用户通过深度定制的方式能够实现新的想法，但本质上，任何支持二次开发的力学分析平台对用户的支持都是有限的，其二次开发环境的灵活性无法与通用程序设计语言相抗衡，用户需要在平台所限定的框架内通过一定的曲折方式，变通地达成目的。而这些程序设计方面的技巧细节往往并不在地质工程或岩土工程等学科涵盖的核心领域内，但却实实在在地制约了工程师新想法的最终实现。鉴于程序实现细节的重要性，本书将完整地提供并剖析基于 FLAC3D 二次开发的 FISH 语言动力分析程序，详细说明如何采用变通方式，回避 FISH 语言在框架上支持不足的局限性，最终实现对瞬时点稳定系数等抽象物理量的深度定制。伴随变量这一设计思路不仅仅针对本书所关注的泥石流领域，其对所有涉及采用 FLAC3D 开展岩土力学模拟的领域都有一定的借鉴意义。同时，也希望经过与 FLAC3D 开发商 ITASCA 公司开发人员的交流，这一设计思想能够在其官方新版本软件中被吸纳、采用，最终为广大岩土分析人员提供更加便捷和强大的数值模拟工具。

作者十多年来一直致力于地质灾害、工程岩土体演化机理和控制理论的研究。本书内容主要取材于国家自然科学基金面上项目（42072314、4157279）、中国博士后科学基金特别资助项目（2014T70758）、中国博士后科学基金面上资助项目（2012M521500）等，是作者近年在泥石流灾害领域研究、学习的总结。书中所提出的泥石流冲击荷载新型模型及岩土体动力稳定性和可靠性分析方法等相关内容已经获批了 6 项国家发明专利，并在国内外权威期刊上发表论文十余篇。作者希望将这些新理论、新技术及其实现的过程，配合案例分析的细节，完整、系统地呈现给读者，为深入开展泥石流地质灾害领域的动力学研究贡献力量。

全书共分为 7 章，第 1 章由刘晓撰写，第 2 章和第 7 章由刘晓、马俊伟、张抒撰写，第 3 章、第 4 章和第 6 章由刘晓、马俊伟撰写，第 5 章由刘晓、张抒撰写，全书由刘晓统稿。

在本书的完成过程中，得到了有关专家、工程师，以及身边亲人和朋友的帮助，在此深表感谢。由于作者水平有限，书中难免存在不足之处，衷心希望读者和专家批评指正。

作　者

2021 年 5 月 21 日

于武汉南望山

目 录 Contents

第1章

绪　论

1.1 问题的提出及研究意义

泥石流是一种自然现象，它经常发育在山岭沟壑地区。泥石流的形成过程是在降水、地震或其他因素的触发下，泥土、漂砾等地表物质与大量水分混合后，受重力作用沿着斜坡或沟谷滑动，破坏并裹挟所经之处的地表物质，并随着运动速度的减慢，最终堆积在谷底。泥石流是我国西南地区的多发地质灾害之一，据不完全统计，我国34个省级行政区中，发生过泥石流的多达29个，泥石流沟8 500多条（樊赟赟，2010），其中又以西部地区最为严重，由泥石流引起的灾害得到了越来越多研究者的关注。

在泥石流易发地区进行交通等基础设施的建设，以往通常采用的策略是回避。然而，随着“一带一路”倡议的推进，交通网络逐步向纵深发展，在路线设计中仅靠回避策略就能获得简单且完善的解决方案变得越来越困难。在泥石流多发地区，当难以回避或者回避代价过高时，重新考虑场地的适宜性，正成为岩土工程的一大挑战。这一挑战对基础理论研究进一步走向深入提出了迫切的需求。事实上，工程策略的决断往往与当时条件下基础理论研究的水平密切相关。人类对泥石流基础理论认识得越深入，就越有底气评估其对工程的潜在影响。在对泥石流认识还不够深入的早期工程中，回避不失为最好的策略；而在现实条件下回避策略不可行时，就反过来要求人们更加深入地推进泥石流基础理论的探索。

这一挑战包含两个关键的科学问题：第一，如何为泥石流冲击荷载建立适用的计算模型；第二，如何在给定的泥石流冲击荷载模型下对岩土体进行稳定性评估。解决这两个关键科学问题有赖于泥石流基础理论研究的深入。因此，开展泥石流冲击荷载模拟与岩土动力稳定分析具有十分重要的科学意义和工程价值，对推进“一带一路”倡议、维护工程建设与环境的协调发展具有十分重要的意义。

1.2 国内外研究现状

1.2.1 泥石流冲击荷载模型的研究现状

冲击荷载（或称为冲击力）是泥石流动力学研究的核心内容，也是泥石流灾害防治工程设计，以及与泥石流相关的隧道、桥梁、涵洞等工程设计的关键要素。受各种条件的限制，实测泥石流冲击荷载是非常困难的，特别是对于防治规划中尚未发生的泥石流。一个可行的方案是根据已有泥石流案例的观测记录，在相关物理模拟测试的基础上提出简化、适用的计算模型。

现有的泥石流冲击荷载计算模型从不同的假设条件出发可以分为流体静力模型、流体动力模型、冲量-动量模型、能量模型等；从是否将固相、液相分开考虑的角度，泥石流冲击荷载计算模型又可以分为一维流体模型和二维流体模型。从研发思路来看，这些模型大多是采用解析和经验相结合的方式，提出半经验公式。这些半经验公式具有简单和高效的独特优势，其中具有广泛影响力的是流体静力模型和流体动力模型两类。

1. 流体静力模型

流体静力模型又称为深度相关压力模型，最初由 Lichtenhahn（1973）提出，随后得到了持续发展（Ouyang et al.，2015；Luna et al.，2012；Armanini，1997；Scotton and Deganutti，1997）。在此类模型中，泥石流被看作单相流体，压力与深度成正比，进而将最大冲击压力等效为若干倍的静态液体压力。该类模型的最大特点是仅仅着眼于最大冲击压力这一特征，而不考虑冲击压力随时间的变化。

2. 流体动力模型

流体动力模型也称为速度相关压力模型，最初由 Mizuyama（1979）提出，后被众多研究人员发展（Kim et al.，2018；Zhao et al.，2018；He et al.，2016；Vagnon and Segalini，2016；Vagnon et al.，2016；Zeng et al.，2015；Cui et al.，2015；Ferrero et al.，2015；Canelli et al.，2012；Zanuttigh and Lamberti，2007；Rickenmann，1999；Armanini，1997；Scotton and Deganutti，1997）。总的来说，流体动力模型高度依赖于泥石流速度数据的获取。然而，泥石流内部各质点的运动速度随时间和空间变化难以用数学方程来描述与求解。尽管前人关于泥石流速度的试验成果已在一定程度上揭示了某些特征，但是通过使用这些分散和孤立的特征来形成有用的速度场数学模型仍然存在许多挑战。简而言之，泥石流时变速度场获取的困难限制了该类模型的实际应用。

3. 其他模型与方法

除了上述两类具有广泛影响的模型外，还有采用历史数据统计法、原位模型试验法、水槽测试法、数值模型法等方法研究冲击荷载的模型。一些有代表性的文献列举如下。

Hong 等（2015）统计了蒋家沟 1961～2000 年发生的 139 次泥石流事件的最大冲击荷载。现场观测数据表明，其最大冲击压荷载达到 744 kPa。Bugnion 等（2012）通过原位模型试验，在 15 个泥石流事件中测得的最大冲击荷载为等效静压力的 2～50 倍。同时，通过研究测得的最大冲击荷载与流速的关系，证实了冲击荷载可以用速度依赖模型（与速度有关的二次方公式）来估算。Cui 等（2015）开展了小型水槽试验，测量了黏性泥石流的冲击荷载。通过分析冲击荷载和流场的变化发现，泥石流的冲击过程可以分为头部瞬时发力、中部持续动态压力和尾部静态压力三个阶段。通过引入幂函数关系和泥石流的弗劳德数，提出了改进的速度依赖模型。有意思的是，既然速度依赖模型给出了泥石流流速与冲击荷载的关系，那么通过已知压力就可以反向求解流速。根据这个思路，Yang 等（2011）开展水槽试验，利用传感器获取的泥石流冲击荷载来反向求解泥石流的流速。Gao 等（2017）提出了一种新的模拟泥石流对香港地区建筑的冲击荷载的数值方法。该方法考虑侵蚀和沉积过程及固体浓度的变化，使用深度平均质量和动量方程式描述泥石流的流动性，将冲击荷载分为动态冲击压力和静态压力两个部分分别求解。Kang 等（2018）应用了 RAMMS 和 FLO-2D 两个用于泥石流数值分析的模型来分析韩国首尔地区泥石流的冲击荷载，并比较了两个模型计算得到的冲击荷载的差别。Shen 等（2018）通过水槽测试的离散元建模研究了干碎屑流与刚性屏障之间的相互作用，展示了作用在刚性屏障上的冲击荷载的演变，通过将数值结果与文献报道的试验数据进行比较，验证了数值模型的有效性。

1.2.2 泥石流冲击荷载下岩土体稳定性的研究现状

综合国内外文献，可以将泥石流冲击荷载条件下的岩土体动力稳定分析总结为三种模式：第一种模式是将泥石流视为流体，将岩土结构视为固相，通过流固耦合分析目标构件的动力响应；第二种模式是将泥石流冲击过程简化为弹性钢球的撞击过程，通过模拟弹性钢球的撞击过程来实现受撞击目标的动力响应分析；第三种模式是将泥石流冲击荷载简化为规则荷载，并将其作为分析目标的应力边界条件来开展动力分析。

1. 模式一：以流固耦合的方式开展动力分析

第一种模式是将泥石流视为流体，采用流固耦合的方式获取泥石流对障碍物的冲击荷载。整个模拟过程中，冲击荷载成为模拟的内源性基础变量。这一方式大多使用计算流体动力学（computational fluid dynamics，CFD）数值分析软件 ANSYS 中的 CFX 模块或 ANSYS Workbench 仿真平台进行求解，代表性的文献列举如下。

常凯（2017）对黄土地区泥石流冲击条件下的桥墩开展双向流固耦合模拟。勾婷颖（2017）进行了连续刚构桥三种形式桥墩抗泥石流冲击的模拟，通过流固耦合的方式得到了流体体积分布、速度流线和压力分布。韩飞（2013）提出了一种新型的泥石流楔形分流结构，并对该结构抗冲击的动力响应展开数值模拟。黄何勋（2016）将泥石流简化为宾厄姆体，进行了冲击桥墩时的动力响应分析，研究了不同冲击强度及不同桥墩工况组合形式下的动力响应。黄兆升（2013）开展了新型拦挡结构的动力响应特性研究，对所得到的位移和应力时程曲线与普通实体坝的响应进行了对比研究。李健（2012）模拟了泥石流冲击作用下框架结构的位移与应力。覃月璋（2014）的研究中，泥石流与桥墩的流固耦合结果显示，如果考虑流体为均质，则冲击压力计算结果比《泥石流灾害防治工程设计规范》（DZ/T 0239—2004）要小 30%。值得注意的是，现行的《泥石流防治工程设计规范（试行）》（T/CAGHP 021—2018）（中国地质灾害防治工程行业协会，2018）在这方面的规定并没有更新，也就是说，规范的结果导向仍然是偏于保守的。王俊岭（2012）模拟了泥石流作用下砌体结构的流固耦合动力响应。

Zakeri（2009）分析了泥石流冲击条件下水下管道的动力响应。

2. 模式二：将泥石流冲击过程简化为弹性钢球撞击过程

第二种模式是将泥石流大块石等效为弹性钢球，赋予其一定的撞击速度，研究弹性钢球冲击条件下防护体的动力响应，揭示其防护性能。本质上，这种模式也是将泥石流冲击荷载视为外界激励，但与第三种模式不同的是，这种模式不是将冲击荷载作为边界条件施加，而是通过弹性钢球的撞击过程来近似地等效替代泥石流中大型漂砾对目标结构的撞击过程。代表性的文献列举如下。

高芳芳（2016）采取的方式是，将泥石流中大型漂砾的撞击等效为弹性钢球的撞击，采用 ABAQUS 有限元软件对一种泥石流拦挡坝进行抗冲击性能研究，得到了弹性钢球不同高度、不同速度下的撞击结果。韩志平（2016）利用 ANSYS/LS-DYNA 对一种新型钢拱拦挡坝的抗冲击性能进行了研究，也采用了等效弹性钢球撞击的思路。胡志明（2014）为分析现有钢构格栅坝的性能，采用 ANSYS/LS-DYNA 探讨了巨型块石撞击下结构的抗冲击性能。金鹏威（2018）采用 ABAQUS 分析了泥石流冲击作用下管道的动力响应。刘贞良（2014）则采用了与弹性钢球撞击不同的思路，将荷载简化为矩形和三角形脉冲，然后建立两种荷载条件下的偏微分方程，运用变量分离法得到了解析解。吕志刚（2014）提出了一种新型弹簧格构泥石流拦挡结构，并将泥石流大块石简化为钢球，采用 ANSYS/LS-DYNA 面接触法研究了新型拦挡结构的抗冲击性能。乔芬（2018）提出了外挂网型柔性防护体系，采用等效弹性钢球撞击思路，在 ANSYS/LS-DYNA 平台上对防护体系的动力响应特征展开了研究。任根立（2019）提出了一种新的拦挡结构体系，也采用等效弹性钢球撞击思路，在 ANSYS/LS-DYNA 平台上研究了泥石流块石冲击荷载下新型拦挡结构的响应。王朋（2016）以新型拦挡结构钢管混凝土桩林为研究对象，将泥石流大块石简化为钢球，采用 ANSYS/LS-DYNA 分析了泥石流作用下钢管混凝土桩林结构的动力响应。余政（2016）将泥石流大块石简化为钢球，采用 ANSYS/LS-DYNA 分析了冲击荷载作用下泥石流拦挡坝变形、破坏的机制。张秦琦（2016）将泥石流大块石简化为钢球，用 ABAQUS 接触分析方法验证了一种新型泥石流格栅坝的阻尼性能。张万泽（2018）基于同样的思路，采用 ANSYS Workbench 显式算法研究了冲击荷载作用下桩林结构拦挡坝的受力机理和动力响应。张智江（2016）将泥石流大块石简化为刚性球，用 ANSYS/LS-DYNA 模拟了新型泥石流拦挡坝在不同球体冲击速度下的应力、加速度、速度、位移分布情况，并讨论了坝体在后期泥石流淤满库存时的静力性能。郑国足（2013）总结了现有泥石流拦挡坝的缺点，提出了一种带弹簧支撑的新型泥石流拦挡坝方案，并验证了其性能。Dong 等（2018）提出了一种新型的桥墩保护装置，采用 ANSYS/LS-DYNA 进行撞击接触分析，将块石冲击等效为球体撞击，通过比较有无保护措施的墩的动力响应，从破坏结果、冲击荷载、位移、速度和加速度方面，采用数值模拟方法来验证保护措施的有效性。

3. 模式三：将泥石流冲击荷载视为系统的外界激励，简化为规则荷载

第三种模式是将冲击荷载视为系统所承受的外界激励（应力边界条件），并简化为相对规则的荷载（如三角形荷载、梯形荷载等），且将其作为系统的输入，代表性的文献列举如下。

陈娱（2017）假设冲击荷载为梯形，采用 ANSYS Workbench 瞬态动力学软件研究了云南丽江大箐泥石流冲击条件下古格大桥桥墩的动力响应。结果表明，通过降低泥石流容重、控制大粒径泥石的运移能显著减小冲击荷载，在具体措施上可以在桥墩上游布置防撞墩。李健（2012）将冲击荷载分解为流体常压形成的矩形荷载及大块石随机冲击造成的集中荷载，将两者叠加，得到时间与冲击荷载的关系曲线，模拟得到四种工况条件下两层的框架结构的动力响应。黄龙阳（2018）基于同样的荷载叠加方式，采用 ANSYS Workbench 瞬态动力学分析模块分析了泥石流冲击荷载下梳齿型拦挡坝的力学特性。刘沛允（2019）以有无圈梁构造柱两种砌体结构为研究对象，采用 LS-DYNA 软件研究了不同泥石流流速作用下的砌体动力响应，揭示了其应力分布和传播。孙鸿斌（2016）采用矩形荷载和三角形荷载相结合的方式，利用非线性有限元软件 ABAQUS 模拟了泥石流冲击作用下简支梁桥桥墩的动力响应，得到了冲击部位的位移时程曲线及应变时程曲线。赵晓云（2016）探讨了泥石流冲击作用下砌体结构的破坏机理，将泥石流冲击作用简化为外荷载，应用 ABAQUS 有限元软件对防护结构进行了数值模拟分析。Zhang 等（2019）将泥石流冲击荷载简化为梯形，采用 ANSYS 研究了泥石流冲击作用下列车-轨道-桥梁耦合系统的振动，提出了时域泥石流冲击荷载模型，并应用于桥墩。

4. 三种模式的技术路线对比分析

前两种模式的共性是将动力稳定分析诉诸物理过程，将产生冲击荷载的来源物（泥石流）和分析目标（岩土或结构）作为一个整体来考虑，使得冲击荷载成为上述物理过程的内源性变量。虽然冲击荷载也可以在数值模拟中作为中间变量提取，但不再是求解目标动力反应所必需的应力边界条件。因此，严格来说，这两种模式实际上均未提出冲击荷载模型。这类方式的缺点是明显的：由于将动力来源和分析目标作为一个整体来考虑，系统过于庞大，计算分析的效率低。

第三种模式遵循了另一条技术路线，其将泥石流冲击荷载作为分析目标的动态应力边界条件，使得冲击荷载的来源物（泥石流）被排除在了分析目标之外，分析目标大幅简化，也就大大提高了动力分析的效率。这种模式带来的另一个优势是，与其他领域的动力稳定性分析具有良好的兼容性。本质上，泥石流冲击荷载可以看作施加在途经障碍物上的外部动力，而与之类似的是，地震、爆炸、冲击等动荷载也是施加在岩土体系统上的外部动力。因此，这些相似工况下已经发展起来的有关动力稳定性评估的方法，在理论上也能够迁移到泥石流冲击荷载下的岩土体稳定性问题中。由此可

以发现，此技术路线最大的困难在于如何从数学上尽可能准确地概化冲击荷载，也就是如何提出有效的冲击荷载模型。

1.2.3 存在的问题和发展趋势

1. 存在的问题

通过上述三种模式的技术路线对比分析可以发现，从数学上概化泥石流冲击荷载模型，然后将其作为动态应力边界条件施加在受分析目标上，继而开展动力响应分析获得最终结果，是一种有较好前景的技术路线。这一技术路线的特点是分两步进行：第一步，提出泥石流冲击荷载模型；第二步，将该模型应用于目标构件的动力分析。目前，在泥石流冲击荷载模型及其岩土体动力稳定分析领域，存在如下两个方面的问题。

1）泥石流冲击荷载模型研究与其工程应用脱节

冲击荷载是泥石流动力学研究的核心内容，也是泥石流灾害防治工程设计的关键要素。但遗憾的是，由于泥石流力学行为的复杂性，如何提取冲击荷载具有的共性规律是泥石流动力学研究的难点和薄弱环节，大量的科研工作者为此付出了艰苦卓绝的努力，尽管其也提出了一些简化模型，但离简单、有效的要求仍然有相当大的差距。

开展泥石流冲击荷载研究，源于两个方面的动机：第一，从纯粹理科的角度看，如何揭示并概化泥石流冲击荷载的发育和分布规律是一个没有解决的自然科学问题，科研人员在兴趣的驱使下逐步开展深入的研究；第二，从工程应用的角度看，弄清泥石流冲击荷载是为了将其应用于工程实际，以便评估在冲击荷载条件下目标岩土体、结构的稳定性。

早期从事这一领域研究的科研人员，大多是在第一种动机的驱使下开展探索工作，他们拥有深厚的地质背景知识，但对实际工程动力分析需求的认识是有限的，也就造成了所提出的泥石流冲击荷载模型与实际工程脱节的问题。这种脱节突出表现在对泥石流冲击荷载的概化过于简单，无法支撑起完整的动力反应分析。

例如，无论是流体静力模型，还是流体动力模型，关注的核心始终是泥石流的最大冲击荷载。在结构分析师看来，泥石流最大冲击荷载固然是重要指标，但光有此项指标是远远不够的。刻画一个完整的动力过程至少要包含三个要素：振幅、频率、持续时间，而最大冲击荷载只能提供有限的信息（即冲击荷载的最大振幅），它既未揭示振幅的变化规律，又不涉及泥石流冲击荷载的频率和持续时间等关键信息。虽然通过三角形荷载、梯形荷载等可以解决动力持续时间的问题，但这种粗糙的方式仍然无法满足对冲击荷载频率要素的刻画要求。

2）泥石流冲击荷载条件下的岩土体稳定性研究程度不高

第一，在工程应用中，大多采用静态的观点来看待原本动态的问题，即以拟静力的方式评估泥石流的最大冲击荷载或平均荷载，并将此作为泥石流支挡工程、防护工程及其他岩土和结构工程的荷载设计依据，但这种对动力问题的处理模式是粗糙的。例如，对泥石流重力式拦挡坝的设计而言，《泥石流防治工程设计规范（试行）》（T/CAGHP 021—2018）所遵循的思路是：提取泥石流的最大冲击压力，并将其作为静荷载施加在承灾体上开展静力学分析。然而，泥石流冲击荷载是天然的动荷载，用静力法去解决动力问题会造成分析结果的显著失真，最大的缺陷是无法体现动力反应，对承灾体在冲击中真实性态的揭示不足，不能满足今后岩土工程设计越来越精细化的需求。陈厚群（2011）指出：采用动力法进行抗震分析是必然趋势。与岩土结构抗震设计类似，泥石流冲击条件下的岩土体稳定性问题本质上也是动力稳定性问题，区别仅在于动力来源不同，因此理应顺应这种趋势。

第二，从确定-不确定性理论的角度来看，当前的研究大多停留在动力稳定性架构，鲜有上升到动力可靠性分析架构的。在动力条件下，稳定系数不再一成不变，而是高度随时间变化的随机变量，也称为随机过程。因此，可以根据统计学的思路，对随机变量给出某种单值，并将其定义为动力稳定系数。随着研究的深入，学术界逐渐在岩土动力稳定性评价中引入概率和可靠性理论。陈祖煜（2010）指出：在滑坡和建筑物抗滑稳定分析中，应逐步采用可靠度设计方法。比较而言，静力学领域有关岩土体可靠性的研究已有较深厚的积累，但在动力学领域，涉及可靠性视角的研究成果并不多见，具体到泥石流冲击荷载领域的可靠性分析，更是少之又少。

2. 发展趋势

从以上分析可以看到，这一领域总的发展趋势如下：第一，面向岩土体动力分析的实际需求，提出简洁、适用的泥石流冲击荷载模型；第二，开展精细化的岩土体动力反应分析，取代拟静力法，并将动力分析架构从确定性提升到不确定性。

1.3 本书的主要研究内容和架构

针对国内外研究现状，本书力图在泥石流冲击荷载模拟与岩土动力稳定性分析领域开展探索，主要研究内容分为三个方面：第一，在研究既有泥石流冲击荷载模型的基础上提出新的模型，并分析新型模型的特性；第二，研究动力冲击条件下岩土体的稳定性问题，并探索将常规的稳定性分析模式升级到可靠性视角；第三，将上述两个方面的内容打通，研究在泥石流冲击荷载新型模型下岩土体的动力稳定性问题。

对应上述三个方面的研究内容，全书分为 7 章。

第 1 章绪论，引出研究的问题，并剖析国内外研究现状，分析存在的问题和发展趋势。

第 2 章介绍当前流行的两类泥石流冲击荷载的常规模型，分析其适用条件，重点剖析两类常规模型的局限性。

第 3 章提出泥石流冲击荷载的新型模型，并详细论述新型模型的各项优良特性，给出模型参数的确定方法，同时针对新型模型参数较多的问题，给出其简化版本，力求模型在逼近真实世界的程度和简单易用性方面取得平衡。

第 4 章开展岩土动力稳定性分析，以点稳定系数为切入点，提出在联合强度理论下，用点稳定系数场开展动力稳定性分析的方法，并利用算例展示在泥石流冲击条件下隧道围岩动力稳定性分析的过程。

第 5 章提出如何在岩土体动力稳定性分析的基础上，注入概率视角，将分析问题的层次上升到可靠性分析。在案例分析上，继续以第 4 章的算例为例，展示点稳定系数的时间和空间变化规律，在此基础上，以可靠性理论为工具呈现出隧道围岩的易损部位。通过与传统方法的对比，分析本书所提出的动力可靠性分析方法的优势。

第 6 章介绍基于 FLAC3D 的动力分析程序设计。针对本书所面对的特殊问题，开展基于 FISH 语言的二次开发定制。本章主要做三项工作：第一，将第 3 章中的泥石流冲击荷载新型模型在 FLAC3D 上开发实现；第二，提出伴随变量的设计思路，在 FISH 语言所提供的有限数据结构框架下，成功地将各单元的瞬时动力稳定系数嵌入大型用户自定义矩阵，伴随动力模拟的全过程，达到可随时调用各单元稳定性历史变化的目的，为揭示围岩点稳定系数的时-空变化场提供数据支持；第三，给出完整的数据后处理技术细节。

第 7 章介绍马达岭泥石流对潜在隧道选线造成的影响。本章介绍该泥石流的地质条件概况和成因机制，预测极端条件下泥石流暴发和堆积的空间分布，以及泥石流动力冲击可能达到的工况，在此基础上运用上述泥石流冲击荷载新型模型开展隧道围岩的动力响应分析，评估泥石流的潜在危害程度。

这些章节紧紧围绕泥石流冲击荷载条件下岩土动力稳定性分析这一主题展开，从方法原理、实现细节、工程应用多个角度论述与展示新方法的优势。

第 2 章

泥石流冲击荷载的常规模型

2.1 流体静力模型

流体静力模型最初由 Lichtenhahn（1973）提出，其特征是将泥石流看作单相流体，不考虑冲击压力随时间的变化，压力仅与深度呈正比，因此又称为深度相关压力模型。

泥石流具有类似于流体的性能，并且其冲击压力在接触表面上随时间和深度变化。图 2.1 从纵剖面的角度说明了泥石流对周围接触表面的冲击压力。为简单起见，在泥石流的冲击持续时间内，用一个代表值来刻画整段时间内的动态冲击荷载。代表值可以是最大值、平均值或其他代表值。因为代表值是静态值，所以冲击压力仅受深度影响，这是流体静力模型的基本思想。流体静力模型的基本表达式为

$$P(h)=k\rho gh \quad (k\geqslant 0) \tag{2.1}$$

式中：$P(h)$ 为深度 h 处的泥石流冲击压力代表值，简称冲击压力；h 为从待测点到泥石流淤积顶面的深度；g 为重力加速度；ρ 为泥石流物质的密度；k 为冲击压力系数，它实际上是重力加速度的附加系数，所表达的是施加到接触表面的压力是同等深度条件下静态流体压力的倍数。

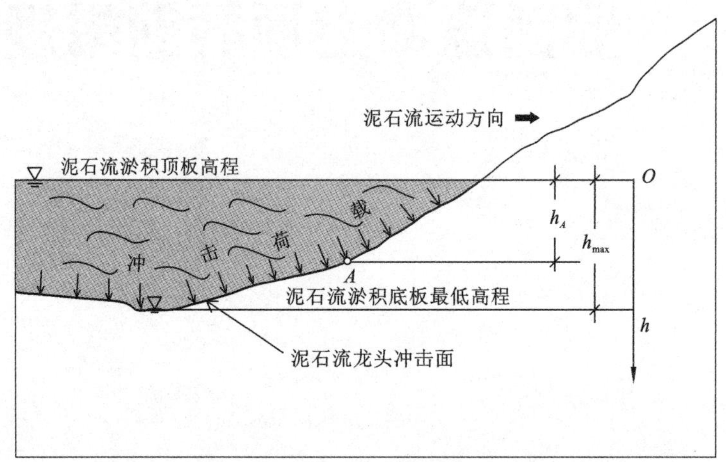

图 2.1　泥石流纵剖面冲击荷载理论概化示意图

h_A 为 A 点的深度（A 点到泥石流淤积顶面的竖向距离）；h_{max} 为最大深度（泥石流淤积底板到顶板的竖向距离）

考察冲击持续时间内冲击压力所能达到的最大值，记为 $P_{max}(h)$，其对应的冲击压力系数为最大冲击压力系数，记为 k_{max}，则有

$$P_{max}(h)=k_{max}\rho gh \quad (k\geqslant 0) \tag{2.2}$$

以最大冲击压力为泥石流冲击荷载的代表值能够使动力稳定性分析的结果趋于保守，适用于精度要求不高的拟静力框架下的稳定性分析。

由于最大冲击压力系数 k_{max} 的意义特殊，众多学者对此进行了深入的研究。Lichtenhahn（1973）提出 k_{max} 的范围是 2.8～4.4，而 Armanini（1997）认为 k_{max} 的范

围取 2.8～5。Scotton 和 Deganutti（1997）根据物理试验提出 k_{max} 的范围是 2.7～7.5。值得注意的是，基于流体的特性，在泥石流运移过程中，如图 2.2 所示的与运动方向垂直的侧壁同样会承受冲击压力，只不过其值明显低于如图 2.1 所示的泥石流龙头冲击面。由于泥石流物质组成及其运动本身的复杂性，最大冲击压力系数的取值存在一个较为宽泛的范围，这给岩土设计工作带来了很大的不确定性：取值偏大，将会导致设计过于保守，造成浪费；而取值较小，则会导致安全冗余不足。世界各地依据自身的实际情况，给出了不同的设计取值。香港作为泥石流多发地区，在此领域有较为深厚的理论和实践积累，k_{max} 的取值最早参考了内地的泥石流研究成果，并根据实践反馈的经验不断调整，从 2000 年推荐的 3.0 调整为 2012 年后的 2.5。表 2.1 给出了香港地区泥石流最大冲击压力系数设计标准的变迁过程。

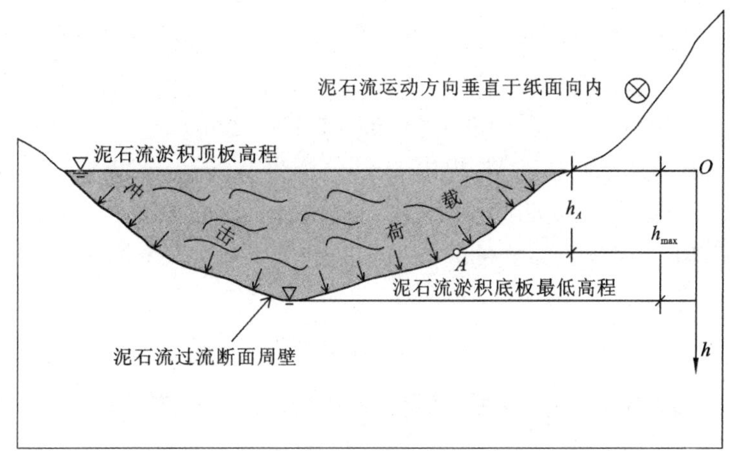

图 2.2　泥石流横剖面冲击荷载理论概化示意图

表 2.1　香港地区泥石流最大冲击压力系数设计标准的变迁过程

地质报告编号	文献	最大冲击压力系数 k_{max}
339	Kwan 等（2018）	取 2.5（见文献第 8、10 和 25 页），遵照 Kwan（2012）
319	Kwan 等（2016）	取 2.5（见文献第 45 和 50 页），遵照 Kwan（2012）
270	Kwan（2012）	取 2.5（见文献第 20 页）
182	Sun 和 Lam（2006）	未给出具体取值，但表示遵照 Lo（2000）（见文献第 8 页）
174	Sun 等（2005）	取 3.0（见文献第 23 页），遵照 Lo（2000）
104	Lo（2000）	取 3.0（见文献第 37 页）

注：香港特别行政区政府土木工程拓展署土力工程处报告的完整列表及全文的获取网址为 https://www.cedd.gov.hk/eng/publications/geo/geo-reports/index.html。

2.2 流体动力模型

不同于流体静力模型凭借半经验的方式构造出与深度有关的冲击压力，流体动力模型则是着眼于流体的速度，根据流体动量的变化推导出半经验的冲击压力表达式（Zanuttigh and Lamberti，2007），如式（2.3）所示。

$$P(v)=C\rho v^2 \quad (C\geqslant 0) \tag{2.3}$$

式中：$P(v)$为待测点上的冲击压力；v为在待测点的泥石流速率；ρ为泥石流物质的密度；C为经验系数，表示泥石流撞击过程中流体动量变化的比例。若碰撞后，所在位置的流体微元丧失了全部速率，则经验系数C等于1；若碰撞后流体微元回弹（即速度反向），则由于动量是矢量，经验系数C大于1。瑞士和中国香港制定的《泥石流防护设计指南》建议将经验系数C分别取为2与3（Bugnion et al.，2012；Lo，2000）。此外，Bugnion等（2012）的现场试验表明，经验系数C的范围为0.4～0.8。Cui等（2015）总结了先前的研究（Armanini，1997；Zhang，1993；Hungr et al.，1984；Watanabe and Ikeya，1981；Mizuyama，1979），提出C的范围为0.45～5。以上文献显示，经验系数的取值落在一个很宽泛的范围内，其最大值和最小值甚至相差一个数量级。这使面对特定的泥石流案例时经验系数的取值不易确定，也从另一个侧面说明了该模型应用于实际存在较大的困难。

2.3 两类模型的适用条件和局限性

Proske（2011）比较了两种类型的模型，认为模型的选择取决于流体的弗劳德条件，流体静力模型适用于弗劳德数低（通常为$Fr<2$）的流体，而流体动力模型适用于弗劳德数较高的流体。Faug（2015）采用更宽泛的弗劳德数开展验证性研究，也得出了类似的结论。

事实上，泥石流的冲击荷载具有时空分布特性。在时间维度上，作为典型的固液两相流体，泥石流的冲击过程具有显著的脉动特性，是典型的动力学过程。在空间维度上，泥石流具有强烈的湍流特征，其速度不仅随时间变化，而且会随着水平位置和垂直深度的不同而变化。湍流是古典物理学中最重要的未解决问题（Eames and Flor，2011；Feynman et al.，1964），很难以解析解的形式获取泥石流速度的时空分布。

两类模型对泥石流冲击压力的建模，都源于岩土工程设计实践的需求，最大的局限性在于以拟静力的方式评估泥石流的冲击荷载，消去了时间变量，将动力问题简化为静力问题处理。在时间维度上，上述两类模型都无法反映泥石流冲击荷载随时间变化的特征。在空间维度上，流体静力模型的局限性在于只能从深度这一个维度进行刻画，而在水平方向的两个维度上，无法表征这种差异；而流体动力模型虽然不直接在其公式中体现空间维度，但是它通过速度这一中间变量来间接进行刻画，然而，其带来的潜在问题是流体运动的复杂性使其速度分布难以简单地表达为空间变量的函数，这使得式（2.3）所表征的模型在应用上存在很大的局限性。

上述两类模型的弊端还在于：采用拟静力法将不可避免地丢失泥石流过程的动力学细节。而这些动力学细节对提升岩土工程精细化设计水平是至关重要的。动力学上，对动荷载细节信息的提炼归结为三个要素：振幅、频率和持续时间。遗憾的是，现有的泥石流冲击荷载的计算模型仅抽取了三要素中振幅这个层面上的信息，而对频率特性和持续时间这两个重要方面完全忽略。也就是说，现有的解决方案是简单、粗暴地以静力学的方式回避动力反应分析。对泥石流冲击荷载把握的欠缺，必然导致后续岩土结构设计与精细化的要求相去甚远。

2.4 本章小结

本章回顾了目前业界所采用的半经验的泥石流冲击荷载模型，将其分为流体静力模型和流体动力模型两大类，分别详细阐述了两类模型的特征、适用条件和局限性。其中：流体静力模型认为压力与深度成正比，进而将最大冲击压力等效为若干倍的静态液体压力，在实际应用中，一般取最大冲击压力这一特征，而不考虑冲击压力随时间的变化，这种简化与实际情况存在差异；而流体动力模型则将冲击压力表达为流体运动速度的函数，由于流速具有时间和空间分布特性，不易获取，该模型的应用更为困难。上述两类模型在应用上均存在明显的局限性。

第3章

泥石流冲击荷载的新型模型

3.1 新型模型的构建

3.1.1 基本思路

遵循科学发展的一般认识，在前人已有模型的基础上进行改造，从而开发出新型模型被认为是一种行之有效的方式。那么，流体静力模型和流体动力模型哪一种更适合呢？根据第 2 章的分析可知，由于泥石流速度的时空分布难以获取，基于流体动力模型的进一步开发面临很大的困难。因此，本章的研究工作以流体静力模型为基础，进一步添加动力学特性，将之改造为简单、适用的新型模型（刘晓 等，2019a，2019b）。

尽管流体静力模型提供了一种简单的方式来表示泥石流冲击压力，但它是以牺牲动态细节为代价的，因为拟静力方法本质上是一种静态方法，其支持动力分析的能力有限。为了在泥石流冲击持续时间内对周壁岩土进行动力响应分析，有必要用动力模型代替拟静力模型。

不失一般性，周壁表面的冲击压力是时间 t 和深度 h 的函数，即

$$P(t,h) = k(t)\rho gh \tag{3.1}$$

式中：$P(t,h)$ 为时间 t 下深度 h 处测量点上的泥石流冲击压力；h 为从待测点到泥石流淤积顶面的深度；ρ 为泥石流物质的密度；g 为重力加速度；$k(t)$ 为 t 时的冲击压力系数。

式（3.1）和式（2.1）的主要区别在于，式（2.1）将冲击压力系数视为常数，而在式（3.1）中，冲击压力系数成为一个依赖于时间的变量。相应地，泥石流冲击压力成为一个取决于时间 t 和深度 h 的变量。

值得注意的是，式（3.1）是一个概念模型，实现它的关键是找到一个合适的函数来刻画冲击压力系数随时间的变化规律。幸运的是，振动台分析软件 SHAKE（Idriss and Sun，1992）介绍了如何构造波形来模拟振动台试验的基本思想，如式（3.2）所示：

$$w(t) = \sqrt{\beta \mathrm{e}^{-\alpha t} t^{\gamma}} \sin(2\pi f t) \tag{3.2}$$

式中：$w(t)$ 为波函数；t 为时间；e 为自然对数的底数；π 为圆周率；α、β 和 γ 为待定参数；f 为频率。

式（3.2）为构建新的冲击荷载模型提供了基本单元。图 3.1 展示了式（3.2）的一种典型波形。

式（3.2）最重要的特征是，波形在第一阶段从零上升到峰值，然后在第二阶段逐渐消散为零。在图 3.1 所示的情况下，在时间 $t = 5.0$ s 附近，$w(t)$ 达到 ± 8.0 的峰值。虽然式（3.2）广泛应用于振动台模拟，但它并不适合描述泥石流冲击压力的特性，原因有三条：首先，波形不应出现负值，因为在泥石流暴发期间，流体不会对周壁岩体施加张力，而在冲击过程中仅施加压力；其次，随着泥石流冲击波形的消退，施加在岩体上的压力应逐步回归到与流体静态压力相等的状态，也就是说冲击压力不应最终

消散殆尽，而是趋于稳定，此时冲击压力不随时间变化，而仅与泥石流的埋藏深度有关，即动态过程的结束必须与静态状态衔接；最后，该波形不能体现泥石流中大颗粒碰撞的不确定性。

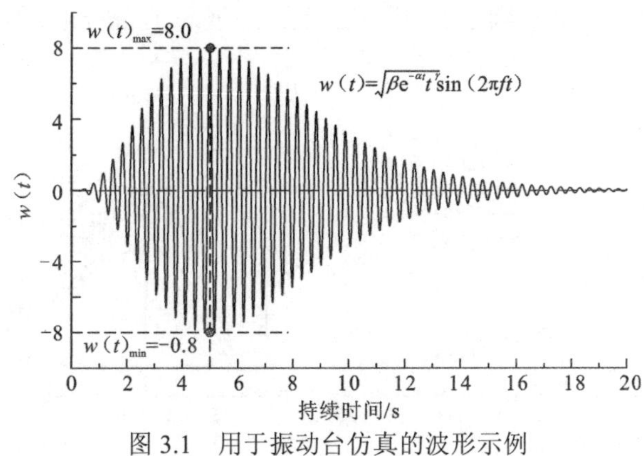

图 3.1　用于振动台仿真的波形示例

为了满足上述三个特征，基于式（3.2）的相关要素，提出了一种新的泥石流冲击荷载模型，如式（3.3）～式（3.10）所示。

3.1.2　波形的上边界

首先，引入冲击荷载波形的上边界，如式（3.3）所示。

$$\text{upper}(t)=\begin{cases}\sqrt{\beta_1 \mathrm{e}^{-\alpha t}t^{\gamma}} & \left(0\leqslant t\leqslant \dfrac{\gamma}{\alpha}\right)\\ 1+\sqrt{\beta_2 \mathrm{e}^{-\alpha t}t^{\gamma}} & \left(t>\dfrac{\gamma}{\alpha}\right)\end{cases} \tag{3.3}$$

式中：upper(t) 为波形的上边界；β_1 为独立参数；β_2 为由 α 、γ 和 β_1 三个参数决定的从属参数，如式（3.4）所示。

$$\beta_2=\left[\sqrt{\beta_1}-\sqrt{\left(\frac{\mathrm{e}\alpha}{\gamma}\right)^{\gamma}}\right]^2 \tag{3.4}$$

如式（3.5）所示，通过将 upper(t) 的导数设置为零，可以推导上边界的最大值和相应的临界时间，如式（3.6）、式（3.7）所示。

$$\frac{\mathrm{d}}{\mathrm{d}t}\sqrt{\beta_1 \mathrm{e}^{-\alpha t}t^{\gamma}}=0 \tag{3.5}$$

$$A_{\max}=\sqrt{\beta_1\left(\frac{\gamma}{\mathrm{e}\alpha}\right)^{\gamma}} \tag{3.6}$$

$$t_a = \frac{\gamma}{\alpha} \tag{3.7}$$

式中：A_{max} 为上边界的最大值；t_a 为将上边界的波形分为两个阶段（即上升阶段和消散阶段）的临界时间。在区间 $[0,t_a]$ 内，上边界 upper(t) 从零逐渐增加到峰值 A_{max}，然后在区间 $(t_a,+\infty)$ 内逐渐减小到 1.0。图 3.2（a）中展示了 upper(t) 的典型波形。

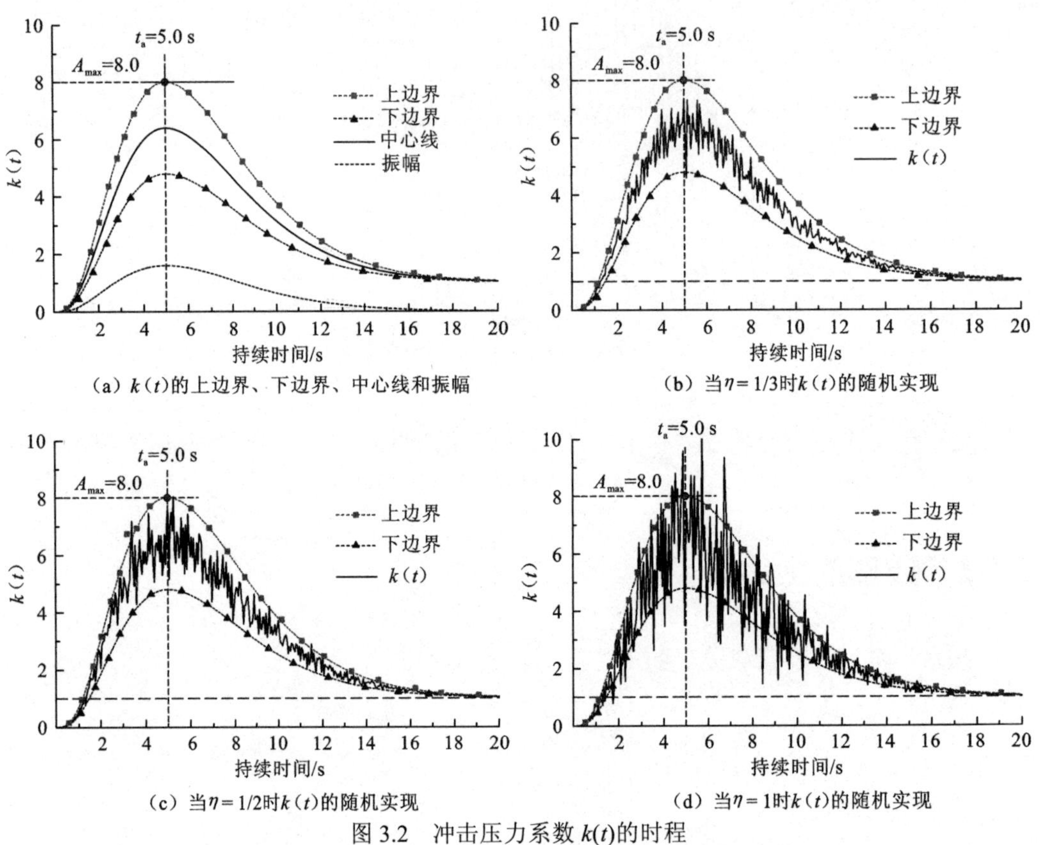

图 3.2　冲击压力系数 $k(t)$的时程

3.1.3　波形的下边界

引入冲击荷载波形的下边界，如式（3.8）所示。

$$\text{lower}(t) = \begin{cases} \delta_1\sqrt{\beta_1 e^{-\alpha t} t^{\gamma}} & \left(0 \leqslant t \leqslant \dfrac{\gamma}{\alpha}\right) \\ 1+\delta_2\sqrt{\beta_2 e^{-\alpha t} t^{\gamma}} & \left(t > \dfrac{\gamma}{\alpha}\right) \end{cases} \tag{3.8}$$

式中：lower(t) 为波形的下边界；δ_1 和 δ_2 为比例常数，用于定义下边界相对于上边界的折减程度，且满足 $0<\delta_1<1$，$0<\delta_2<1$。

为了保持式（3.8）中分段函数的连续性，当 $t=\gamma/\alpha$ 时，δ_1 和 δ_2 之间的关系应

满足：

$$\delta_1\sqrt{\beta_1 \mathrm{e}^{-\alpha t}t^{\gamma}}=1+\delta_2\sqrt{\beta_2 \mathrm{e}^{-\alpha t}t^{\gamma}} \tag{3.9}$$

通过式（3.9）求解 δ_2，如式（3.10）所示。因此，当给定 δ_1 的情况下，δ_2 可由式（3.10）确定，继而 lower(t) 可由式（3.8）确定。图 3.2（a）中展示了 lower(t) 的典型波形。

$$\delta_2=\delta_1\sqrt{\frac{\beta_1}{\beta_2}}-\sqrt{\frac{1}{\beta_2}\left(\frac{\mathrm{e}\alpha}{\gamma}\right)^{\gamma}} \tag{3.10}$$

3.1.4　波形的中心线

引入上边界和下边界之间的中心线 center(t)，如式（3.11）所示。图 3.2（a）中的实线展示了 center(t) 的典型波形。

$$\text{center}(t)=\frac{\text{upper}(t)+\text{lower}(t)}{2}=\begin{cases}\dfrac{1+\delta_1}{2}\sqrt{\beta_1 \mathrm{e}^{-\alpha t}t^{\gamma}} & \left(0\leqslant t\leqslant\dfrac{\gamma}{\alpha}\right)\\ 1+\dfrac{1+\delta_2}{2}\sqrt{\beta_2 \mathrm{e}^{-\alpha t}t^{\gamma}} & \left(t>\dfrac{\gamma}{\alpha}\right)\end{cases} \tag{3.11}$$

3.1.5　波形的振幅

振幅 amp(t) 定义为上边界和下边界之差的一半，如式（3.12）所示。图 3.2（a）中以虚线展示了 amp(t) 的典型波形。

$$\text{amp}(t)=\frac{\text{upper}(t)-\text{lower}(t)}{2}=\begin{cases}\dfrac{1-\delta_1}{2}\sqrt{\beta_1 \mathrm{e}^{-\alpha t}t^{\gamma}} & \left(0\leqslant t\leqslant\dfrac{\gamma}{\alpha}\right)\\ \dfrac{1-\delta_2}{2}\sqrt{\beta_2 \mathrm{e}^{-\alpha t}t^{\gamma}} & \left(t>\dfrac{\gamma}{\alpha}\right)\end{cases} \tag{3.12}$$

3.1.6　波形的总成

冲击荷载的波形定义为围绕中心线的可变振幅的随机振动。换言之，波形由两部分组成，即主波动部分和次波动部分，如式（3.13）所示。

$$k(t)=\text{center}(t)+\text{amp}(t)\eta\chi=\begin{cases}\dfrac{1+\delta_1}{2}\sqrt{\beta_1 \mathrm{e}^{-\alpha t}t^{\gamma}}+\dfrac{1-\delta_1}{2}\sqrt{\beta_1 \mathrm{e}^{-\alpha t}t^{\gamma}}\eta\chi & \left(0\leqslant t\leqslant\dfrac{\gamma}{\alpha}\right)\\ 1+\dfrac{1+\delta_2}{2}\sqrt{\beta_2 \mathrm{e}^{-\alpha t}t^{\gamma}}+\dfrac{1-\delta_2}{2}\sqrt{\beta_2 \mathrm{e}^{-\alpha t}t^{\gamma}}\eta\chi & \left(t>\dfrac{\gamma}{\alpha}\right)\end{cases} \tag{3.13}$$

式中：$k(t)$ 为 t 时刻的冲击压力系数，主波动部分为波形的中心线，即 center(t)，次波动部分为随机振动，即 $\text{amp}(t)\eta\chi$；χ 为标准正态分布随机变量，记为 $\chi \sim N(0,1)$；η 为标准偏差的比例因子。由于 $k(t)$ 是关于 χ 的线性变换，$k(t)$ 服从均值为 μ、标准差为 σ 的正态分布，如式（3.14）所示。

$$k(t) \sim N(\mu,\sigma^2), \quad \mu = \text{center}(t), \quad \sigma = \text{amp}(t)\eta \tag{3.14}$$

3.1.7 波形的随机分布特性

根据正态分布的性质，随机变量 $k(t)$ 位于均值周围一倍、两倍和三倍标准差范围内的概率分别为 68.27%、95.45%与 99.73%，该规则可以表示为

$$\begin{cases} P\{\mu - 1\sigma \leqslant k(t) \leqslant \mu + 1\sigma\} \approx 0.6827 \\ P\{\mu - 2\sigma \leqslant k(t) \leqslant \mu + 2\sigma\} \approx 0.9545 \\ P\{\mu - 3\sigma \leqslant k(t) \leqslant \mu + 3\sigma\} \approx 0.9973 \end{cases} \tag{3.15}$$

很容易验证，当 $\eta = 1$ 时，式（3.15）中均值周围一倍标准差所构成的区间 $(\mu - \sigma, \mu + \sigma)$ 的上、下边界恰好是波形的上边界 $\text{upper}(t)$ 和下边界 $\text{lower}(t)$，因此 $k(t)$ 将以大约 68.27%的概率落入该范围。同理，当 η 分别取 1/2 和 1/3 时，$k(t)$ 落入波形的上、下边界内的概率分别为 95.45%和 99.73%。

新型模型描述了泥石流冲击压力随时间变化的过程。图 3.2（b）展示了在表 3.1 列出的模型参数下 $k(t)$ 的随机实现。图 3.2（b）中叠加在中心线上的随机冲击体现了对泥石流中大颗粒不规则碰撞的模拟。值得注意的是，表 3.1 中 $\eta = 1/3$，依据式（3.15），不规则振动落入波形上边界 $\text{upper}(t)$ 和下边界 $\text{lower}(t)$ 所覆盖范围内的概率高达 99.73%。如果分别设 η 为 1/2 和 1，则不规则冲击会以较低的概率落入该范围内。图 3.2（c）和（d）分别给出了 $\eta = 1/2$ 与 $\eta = 1$ 时，在保持表 3.1 列出的其他参数不变的情况下的两种实现（Liu et al.，2020）。

总的来看，图 3.2（b）～（d）的整体形状与最近的试验观察结果（Song et al.，2019a；Tang and Hu，2018；Shen et al.，2018；Song et al.，2018；Wang et al.，2018；Cui et al.，2015；Scheidl et al.，2013；Bugnion et al.，2012；Zanuttigh and Lamberti，2006）、数值模拟结果（Liu et al.，2019；Song et al.，2019b；Shen et al.，2018；Li and Zhao，2018；Dai et al.，2017；Gao et al.，2017；Leonardi et al.，2016；Cozzolino et al.，2016）及原位观测结果（Hu et al.，2011；McArdell et al.，2007）等都非常吻合。

表 3.1　泥石流冲击压力模型参数

α	γ	β_1	β_2	δ_1	δ_2	η	ρ/（kg/m^3）	g/（m/s^2）
1.2	7.0	1.652 4	1.265 2	0.6	0.542 9	1/3	2 155	9.8

3.2　新型模型的特性

3.2.1　新型模型的优势

式（3.13）所示的冲击压力模型可以模拟现实世界中典型的泥石流冲击，具有四个方面的优良特性。

第一，该模型是在流体静力模型的基础上改造而来的，通过将冲击压力系数从常量拓展到依赖于时间的变量，实现了对流体静力模型的增强，同时具备了对流体静力模型的向下兼容性。

第二，在泥石流和障碍物之间不施加张力，在整个冲击过程中仅施加压力。

第三，波形的动态加载和消散过程反映了泥石流冲击压力从零上升到峰值，然后逐渐消散，并最终收敛于液体静态压力的典型过程。冲击压力系数收敛到 1 意味着泥石流最终止步于静止状态，此时施加在障碍物上的压力不再随时间变化，而仅与泥石流的埋藏深度有关，实现了动态过程曲线尾部与静态过程的对接。新型模型描述的冲击压力的整个加载和消散过程与试验结果非常吻合（Song et al.，2019a；2018；Shen et al.，2018；Tang and Hu，2018；Wang et al.，2018；Cui et al.，2015；Scheidl et al.，2013；Bugnion et al.，2012；Zanuttigh and Lamberti，2007）。

第四，冲击荷载的波形由主、次两个波动部分组成。其中，主波动部分占据主导地位，构成了冲击荷载波形的主成分，而次波动部分则是以随机振动的方式来体现泥石流中大块石对障碍物的撞击。因此，新型模型具备更好的模拟泥石流随机撞击特性的能力。这与前人（Lei et al.，2018；Song et al.，2017；Cui et al.，2015）将泥石流施加的冲击压力分为两部分（即泥浆压力和大颗粒碰撞）的思想是相符的，并且在数学上进行了实现。值得注意的是，Cui 等（2015）通过水槽试验发现，即使在没有夹杂任何颗粒的情况下，用清洁的水体模拟泥石流的下泄过程，其实测冲击压力也表现出在时间维度上随机波动的特性。因此，这一试验很好地揭示了即使不存在大颗粒碰撞，泥浆压力也动态变化的事实。实际上，这种现象是包括泥石流在内的所有一般湍流的固有特征。鉴于此，新型模型引入了主波动部分，即式（3.11）所示的中心线，以模拟动态泥浆压力，然后在主波动部分之上添加次波动部分，也就是随机振动部分，实现了对大颗粒随机碰撞的刻画。

3.2.2　新型模型的构建是滤波的逆过程

从信号处理的角度可以理解新型模型的构建机制。假设已经通过实测数据得到了一条冲击压力时程曲线。由于曲线中随机波动信号的干扰，提取泥石流的统计特征存在一定的困难。因此，一些研究人员建议采用小波分析方法或快速傅里叶变换来获得平滑的滤波信号（Wang et al.，2018；Cui et al.，2015）。简言之，上述滤波过程的物理实质是，通过消除大颗粒碰撞引起的随机波动来锐化作为主要波形成分的泥浆压力，以方便抓取主要矛盾。当审视式（3.13）所示的新型模型内部时发现，滤波过程旨在删除原始信号中所隐藏的零均值平稳随机过程，即式（3.13）中的次波动部分，而滤波后所保留下来的信号恰恰是波形的主波动部分。从这个角度来看，冲击荷载新型模型基于主、次两个波动部分的构建过程，恰好反映的是对泥石流冲击荷载实际观测记录进行滤波、提取主信号等一系列数据处理的逆过程。

对冲击荷载的刻画有不同层次的需求。从拟静力分析的需求来看，通过滤波的方式对信号进行平滑处理，的确有助于提取一般简化的特性。但是在动力分析中，冲击压力的动力特性在对障碍物的破坏中起着重要的作用。首先，对于浅层冲击区域（靠近冲击表面的区域），在较大的颗粒碰撞（巨石碰撞）引起的高脉冲荷载下，目标更容易发生破坏。这一特性可以从冲击钻的工作原理来获得解释。冲击钻能够快速破坏墙体、获得钻孔进尺的关键，不在于其平稳的压力，而在于其周期性输出的冲击荷载。与之类似，对与泥石流接触的围岩或其他障碍物进行动力分析时，考虑泥石流的次波动部分也很重要。其次，对于较深的区域（距离撞击表面较远的区域），破坏的风险来自从撞击表面传递到目标区域的能量波（Yong et al.，2019）。冲击压力的波动在能量波的产生中起着重要的作用。相比之下，即便静态压力数值再大，也无法激发能量波。因此，为了达到更精准地进行动力分析的效果，无论是浅层区域还是深层区域，都应保留次波动部分，而不是将其过滤。从这方面来看，新型模型良好地符合了这种需求。

3.3 新型模型的定参方法

如何确定新型模型的参数，以便匹配泥石流的实际特征，这是新型模型能否成功运用于实践的一个重要的问题。如式（3.13）所示的新型模型有四个独立的参数（α、γ、β_1、δ_1）和两个从属参数（β_2、δ_2），其中从属参数可由上述四个独立的参数确定，分别见式（3.4）和式（3.10）。

四个独立参数可采用迭代法获得，迭代法的构建如下。

首先，β_1可以从式（3.6）推导得出。假设泥石流的一些关键特征（即$A_{\max}$和t_a）已经由实地调查给出或推定，于是β_1便由式（3.16）确定。

$$\beta_1 = (A_{\max})^2\left(\frac{\mathrm{e}}{t_a}\right)^{\gamma} \tag{3.16}$$

接下来，确定α和γ。虽然式（3.7）提供了α和γ之间的联系，但仅靠这一条件还不能唯一确定这两个参数，引入额外条件是必要的。假设已经通过引入新的时间点t_b（满足$t_b > t_a$）及其对应的上边界A_b（满足$A_b < A_{\max}$）确定了曲线upper(t)尾部的衰减特性，那么α和γ可以通过解如式（3.17）所示的非线性方程组获得。

$$\begin{cases} t_{\mathrm{a}} = \gamma / \alpha \\ A_{\mathrm{b}} = 1 + \sqrt{\beta_2 \mathrm{e}^{-\alpha t_{\mathrm{b}}} t_{\mathrm{b}}^{\gamma}} \end{cases} \tag{3.17}$$

式（3.17）的解析解为式（3.18）、式（3.19）。

$$\alpha = \frac{\ln\left[\dfrac{\beta_2}{(A_{\mathrm{b}}-1)^2}\right]}{t_{\mathrm{b}} - \ln(t_{\mathrm{b}})t_{\mathrm{a}}} \tag{3.18}$$

$$\gamma = \frac{t_{\mathrm{a}}\ln\left[\dfrac{\beta_2}{(A_{\mathrm{b}}-1)^2}\right]}{t_{\mathrm{b}} - \ln(t_{\mathrm{b}})t_{\mathrm{a}}} \tag{3.19}$$

考察式（3.16）和式（3.19）可以发现：要通过式（3.16）求解 β_1，必须已知 γ，但 γ 又是 β_2 的函数，且由式（3.4）可知 β_2 是 β_1 的函数，如此一来便构成循环。因此，构造如下迭代求解过程。

第一步，初始化循环变量指针（$i=0$），猜测 γ 的初值，记为 $\gamma^{(i)}$；

第二步，由式（3.16）求解 β_1，记为 $\beta_1^{(i)}$；

第三步，由式（3.4）求解 β_2，记为 $\beta_2^{(i)}$；

第四步，由式（3.18）求解 α，记为 $\alpha^{(i)}$；

第五步，循环变量指针 i 的值加 1；

第六步，由式（3.19）求解 γ，记为 $\gamma^{(i)}$；

第七步，重复第二～六步的过程，完成 i 轮刷新，得到 $\gamma^{(i)}$，直至其收敛，即满足式（3.20），其中 ε 为给定的容差，此时的 $\gamma^{(i)}$、$\alpha^{(i)}$、$\beta_1^{(i)}$ 即对应参数的数值解。

$$|\gamma^{(i)} - \gamma^{(i-1)}| < \varepsilon \quad (\varepsilon > 0, i = 0,1,2,\cdots) \tag{3.20}$$

除由上述迭代过程确定 α、γ、β_1 三个独立参数外，第四个独立参数 δ_1 可以根据下边界相对于上边界的衰减程度设置为区间 $(0,1)$ 内的适当值。

至此，冲击的波形可以根据不同情况的实际需要，通过指定的冲击压力特征（即冲击压力的峰值及其发生时间、下边界的衰减程度及其对应的时间）来生成。本章提出的新型模型产生的波形比以往的静态方法能更好地匹配实际情况，这使得分析泥石流影响下的岩体动力响应成为可能。

3.4　新型模型的简化形式

3.4.1　简化模型

在 3.1 节提出的模型中，随机变量的引入使得冲击荷载模型在形态上更接近真实世界的状态，但该模型也存在参数过多、不易确定的缺陷。将模型中的随机振动替换为正弦波的形式，并只保留波形的上边界，可以衍生出简化的模型。

紧接式（3.1），将 $k(t)$ 定义为一个随时间 t 变化的函数：

$$k(t)=\begin{cases}w(t) & [w(t)>0]\\ 0 & [w(t)\leqslant 0]\end{cases} \tag{3.21}$$

式（3.21）的作用是：当波形为负数时，取零值，以满足泥石流与岩土体边界接触面只施加压力，不施加拉力的限制条件。其中，$w(t)$ 为一振幅不断变化的正弦波函数，由式（3.22）确定。

$$w(t)=\begin{cases}\sqrt{\beta_1 \mathrm{e}^{-\alpha t}t^{\gamma}}\sin(2\pi ft) & \left(0\leqslant t\leqslant \dfrac{\gamma}{\alpha}\right)\\ 1+\sqrt{\beta_2 \mathrm{e}^{-\alpha t}t^{\gamma}}\sin(2\pi ft) & \left(t>\dfrac{\gamma}{\alpha}\right)\end{cases} \tag{3.22}$$

其中：β_1、β_2、α、γ 为波形控制参数；e 为自然对数的底数；π 为圆周率；f 为频率。β_2 与 β_1、α、γ 存在函数关系，由式（3.4）确定。

至此，式（3.1）、式（3.22）构成了泥石流冲击压力函数。其中，β_1、β_2、α、γ、f 为待定系数，其确定过程可参考 3.3 节。

3.4.2 特性分析

现对函数 $w(t)$ 的振幅和极值特性进行说明。函数 $w(t)$ 可知，其是一个以 f 为频率的正弦波，振幅也随时间变化，且当时间 $t=t_{\mathrm{a}}$ 时，振幅达到最大，设为 $A_{\max}$，其计算由式（3.6）、式（3.7）给出。

当 $t\in\left[0,\dfrac{\gamma}{\alpha}\right]$ 时，波形的振幅由零逐渐增大，当 $t=\dfrac{\gamma}{\alpha}$ 时达到最高点 $A_{\max}$；当 $t\in\left(\dfrac{\gamma}{\alpha},+\infty\right]$ 时，随着时间的增长，振幅逐渐减小，冲击压力系数 $k(t)$ 收敛于 1.0。

必须指出的是，由于相位差的存在，当 $t=\dfrac{\gamma}{\alpha}$ 时，正弦函数 $\sin(2\pi ft)$ 并不一定恰好取得极值，所以精确地说，$w(t)$ 应在 $t=\dfrac{\gamma}{\alpha}$ 附近的邻域内取得极值。对正弦函数 $\sin(2\pi ft)$ 求导，并令导数为零构造方程，以 $t=\dfrac{\gamma}{\alpha}$ 为中心，寻求正负 1/4 波长范围，即 $t\in\left[\dfrac{\gamma}{\alpha}-\dfrac{1}{4f},\dfrac{\gamma}{\alpha}+\dfrac{1}{4f}\right]$ 内的实数解，可以得到使 $w(t)$ 取得最大值的时间 t_{mid}：

$$t_{\mathrm{mid}}=\frac{1}{f}\left(i+\frac{1}{4}\right) \tag{3.23}$$

式中：i 为自然数，且由式（3.24）确定。

$$\frac{\gamma f}{\alpha}-\frac{1}{2}\leqslant i\leqslant\frac{\gamma f}{\alpha}\quad (i\in\mathbf{N}) \tag{3.24}$$

将所得t_{mid}代入式（3.22）即可精确求得$w(t)$的最大值$w(t)_{max}$，显然，该数值趋近于但不会超过最大振幅，即有式（3.25）成立。

$$\begin{cases} k(t)_{max}=w(t)_{max}=w(t_{mid})\approx A_{max}=\sqrt{\beta_1\mathrm{e}^{-\gamma}\left(\dfrac{\gamma}{\alpha}\right)^{\gamma}} \\ t_a\approx t_{mid} \end{cases} \tag{3.25}$$

作为示例，表 3.2 给出了一组参数，其对应的波形如图 3.3 所示，波形技术指标见表 3.3。

表 3.2　泥石流冲击荷载方程参数取值示例

α	γ	β_1	β_2	f/Hz	ρ/（kg/m^3）	g/（m/s^2）
1.2	6.0	1.652 4	1.265 2	5.0	2 155	9.8

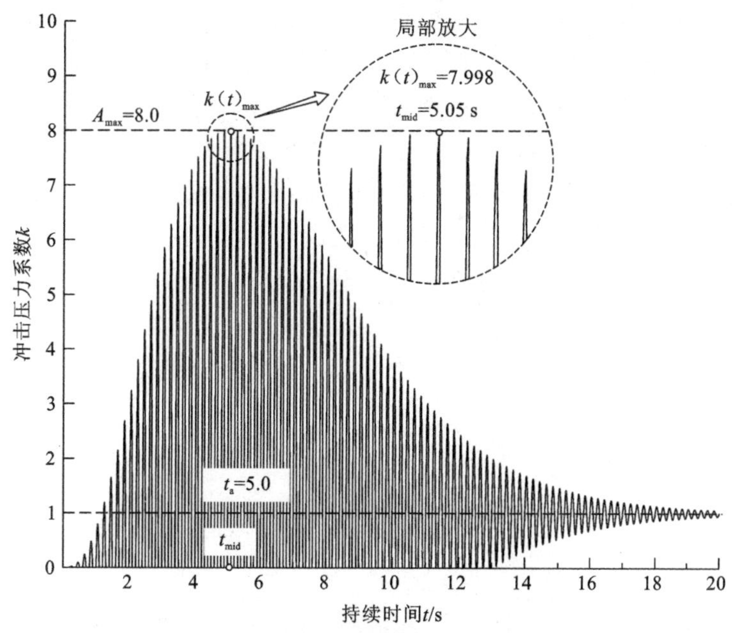

图 3.3　泥石流冲击压力系数 k 随时间变化的波形示例

表 3.3　泥石流冲击荷载方程的相关技术指标示例

最大振幅 A_{max} 及其对应时间点 t_a		$w(t)_{max}$ 及其对应时间点 t_{mid}	
A_{max}	t_a/s	$w(t)_{max}$	t_{mid}/s
8.0	5.0	7.998	5.05

图 3.4 给出了由正弦波的相位差引起的峰值点的漂移现象。在不考虑相位差的情况下，t_{mid} 的理想值应为 5.0 s，$k(t)_{max}$ 的理想值应为 8.0，频率越低，偏移越明显，随着频率的增高，t_{mid} 和 $k(t)_{max}$ 分别向理想值汇聚。

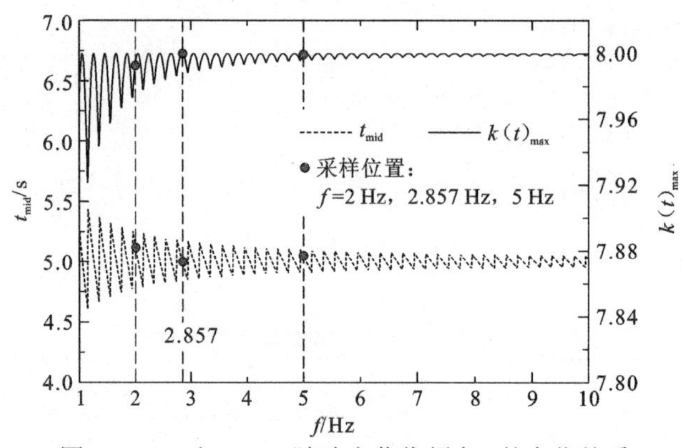

图 3.4　t_{mid} 和 $k(t)_{max}$ 随冲击荷载频率 f 的变化关系

生成的泥石流冲击荷载的波形有如下几个特点。

第一，保留了峰值附加系数的概念，与拟静力的分析模式兼容。

第二，满足在泥石流与山体接触面只施加压力，不施加拉力的限制条件。

第三，动力加载及消散过程与静力学特性兼容。从 0 到 t_{mid} 动力震荡加载逐渐增大，在 t_{mid} 达到峰值，然后逐渐消散，直至 1 倍的重力加速度。此时，1 倍的重力加速度意味着泥石流呈现静止状态，对岩体施加的压力不再与时间相关，只与泥石流掩埋深度（厚度）有关。因此，在上述条件下，动力分析过程将与静力分析实现对接。

第四，动力基准频率选择与现有抗震规范所要求的场地特征参数兼容。通过本区地震动反应谱特征值可以求得对应的场地卓越频率，将此作为泥石流动荷载频率合乎抗震规范要求。

3.5 本章小结

本章提出了一种新的泥石流冲击荷载模型。提出的泥石流冲击荷载新型模型是对既有流体静力模型和流体动力模型的改进。首先，与常规的流体静力模型仅关注最大冲击压力不同，新型模型具备刻画泥石流动荷载更多细节特征的能力。其次，与流体动力模型相比，新型模型回避了对泥石流速度参数的需求，克服了一般流体动力模型所面临的难以获得速度分布的困难，因此具有更好的适用性。案例研究表明，新型模型具有支持动态响应分析的能力，能够为稳定性分析和可靠性分析提供丰富的数据基础。

第4章

岩土动力稳定性分析

4.1 应力场的生成

瞬时动力稳定性分析的基础数据是应力场，可采用各种支持动力反应分析的数值方法模拟泥石流冲击压力条件下岩土体的动力响应。在本书中，将 FLAC3D（Itasca Consulting Group Inc.，2009）作为生成应力场的计算引擎，岩土材料符合弹塑性本构模型，然后根据一定的固定时间间隔进行 N 次采样，得到一系列应力场，记为 StressField(i)($i=1, 2, \cdots, N$)。在实现细节上，作者设计了一个程序，通过处理从 FLAC3D 导出的原始数据来生成瞬时应力场（Liu et al.，2015；Tang et al.，2015）。

4.2 点稳定系数

4.2.1 点稳定系数的定义式

假设在 4.1 节的应力场的计算中，已经完成了将研究区离散为若干单元，并获得了每个单元的应力状态，则每个单元的稳定系数 fos 可以称为“点稳定系数”，其一般定义式为

$$\mathrm{fos}=\frac{\psi(\sigma)}{f(\sigma)} \tag{4.1}$$

式中：$f(\sigma)$ 为应力状态函数；$\psi(\sigma)$ 为与强度参数和应力状态相关的函数。

$f(\sigma)$ 和 $\psi(\sigma)$ 均满足以下岩土体破坏准则：

$$f(\sigma)-\psi(\sigma)=0 \tag{4.2}$$

fos>1 表示稳定，fos<1 表示破坏，而 fos=1 表示处于临界状态。岩土根据不同的应力状态将会发生张拉破坏或压缩-剪切破坏，前者由最大拉应力准则确定，而后者由莫尔-库仑（Mohr-Coulomb）屈服准则确定。

4.2.2 最大拉应力准则

最大拉应力准则又称为第一强度理论，其认为是最大拉应力导致了材料的破坏，当材料中某一点的最大拉应力达到极限值时，材料发生破坏，如式（4.3）所示。

$$\sigma_3-\sigma_{\mathrm{t}}=0 \tag{4.3}$$

式中：σ_3 为最小主应力；σ_{t} 为抗拉强度。

需要注意的是，本书中应力、应变、压力等的符号约定遵循弹性力学规则，即正主应力表示张力，此外，σ_1、σ_2 和 σ_3 的命名标识与土壤力学兼容。因此，在上述两项规则的加持下，本书中所指的最大主应力 σ_1 是按照土力学的惯例，指最倾向于压缩

的主应力，而最小主应力σ_3指最倾向于拉伸的主应力，即本书中主应力的命名并不由其带符号的算术值的相对大小决定。

根据式（4.1）～式（4.3）可得，满足最大拉应力准则的稳定系数为

$$\mathrm{fos}=\frac{\sigma_{\mathrm{t}}}{\sigma_3} \tag{4.4}$$

4.2.3　莫尔-库仑屈服准则

莫尔-库仑屈服准则是岩土工程中广泛应用的屈服准则之一，其主应力的表示形式为

$$f(\sigma_1,\sigma_2,\sigma_3)=\frac{1}{2}(\sigma_3-\sigma_1)+\frac{1}{2}(\sigma_1+\sigma_3)\sin\phi-c\cos\phi=0 \tag{4.5}$$

整理式（4.5），即可得式（4.2）在莫尔-库仑屈服准则下的表现形式：

$$\frac{\sigma_3-\sigma_1}{2}-\left(c\cos\phi-\frac{\sigma_1+\sigma_3}{2}\right)=0 \tag{4.6}$$

式中：c 和ϕ分别为黏聚力与内摩擦角。

根据式（4.1）、式（4.2）和式（4.6）可得，满足莫尔-库仑屈服准则的稳定系数为

$$\mathrm{fos}=\left(c\cos\phi-\frac{\sigma_1+\sigma_3}{2}\right)\bigg/\left(\frac{\sigma_3-\sigma_1}{2}\right) \tag{4.7}$$

4.2.4　德鲁克-布拉格屈服准则

此外，对于岩石材料，德鲁克-布拉格（Drucker-Prager）屈服准则也获得了广泛的应用，其主应力的表示形式为

$$f(\sigma_1,\sigma_2,\sigma_3)=aI_1+\sqrt{J_2}-K \tag{4.8}$$

式中：I_1为应力第一不变量，$I_1=-(\sigma_1+\sigma_2+\sigma_3)$；$a$、$K$ 均为材料参数；J_2为应力偏量第二不变量，

$$J_2=\frac{1}{6}[(\sigma_1-\sigma_2)^2+(\sigma_2-\sigma_3)^2+(\sigma_3-\sigma_1)^2] \tag{4.9}$$

表 4.1 列举了五种德鲁克-布拉格屈服准则的参数转换关系（赵尚毅 等，2006）。当屈服准则中的屈服面与库仑六边形的外顶点重合时，a、K 与 c 和ϕ有如下关系式成立：

$$a=\frac{2\sin\phi}{\sqrt{3}(3-\sin\phi)} \tag{4.10}$$

$$K=\frac{6c\cos\phi}{\sqrt{3}(3-\sin\phi)} \tag{4.11}$$

根据式（4.1）、式（4.2）和式（4.8）可得，满足德鲁克-布拉格屈服准则的稳定

系数为

$$\text{fos} = \frac{K - aI_1}{\sqrt{J_2}} \tag{4.12}$$

表 4.1 德鲁克-布拉格屈服准则参数换算表

编号	准则种类描述	a	K
D-P1	外角点外接德鲁克-布拉格屈服准则	$\frac{2\sin\phi}{\sqrt{3}(3-\sin\phi)}$	$\frac{6c\cos\phi}{\sqrt{3}(3-\sin\phi)}$
D-P2	莫尔-库仑等面积圆德鲁克-布拉格屈服准则	$\frac{2\sqrt{3}\sin\phi}{\sqrt{2\sqrt{3}\pi(9-\sin^2\phi)}}$	$\frac{6\sqrt{3}c\cos\phi}{\sqrt{2\sqrt{3}\pi(9-\sin^2\phi)}}$
D-P3	平面应变莫尔-库仑匹配德鲁克-布拉格屈服准则（非关联剪胀角 $\psi=0$）	$\frac{\sin\phi}{3}$	$c\cos\phi$
D-P4	平面应变莫尔-库仑匹配德鲁克-布拉格屈服准则（关联 $\psi=\varphi$）	$\frac{\sin\phi}{\sqrt{3}\sqrt{3+\sin^2\phi}}$	$\frac{3c\cos\phi}{\sqrt{3}\sqrt{3+\sin^2\phi}}$
D-P5	内角点外接德鲁克-布拉格屈服准则	$\frac{2\sin\phi}{\sqrt{3}(3+\sin\phi)}$	$\frac{6c\cos\phi}{\sqrt{3}(3+\sin\phi)}$

4.2.5 联合强度理论下的点稳定系数场

1. 联合强度理论

联合强度理论实质上是对现成的强度理论进行拼接、组合，以便构成新的屈服准则。其思想可以追溯到 20 世纪 40 年代中期，苏联材料力学家达维坚科夫与弗里德曼（中国大百科全书总委员会，1985）提出，可以按照材料中各个点的不同应力状态，有区别地选用已知的特雷斯卡（Tresca）屈服准则或最大伸长应变理论。每一种屈服准则都有其应用条件和材料局限性，岩土是一种复杂材料，采用联合强度理论的方式能够扬长避短，合理利用现有的各种强度理论，从而构造出更符合岩土实际力学特性的准则。

在深部岩体中，根据不同的应力状态将会发生张拉破坏或压缩-剪切破坏，前者遵循最大拉应力准则，而后者可以选用莫尔-库仑屈服准则或德鲁克-布拉格屈服准则加以确定（李树忱 等，2007）。

2. 点稳定系数场

现以联合最大拉应力准则与莫尔-库仑屈服准则为例，说明点稳定系数场的构造方式。当岩体处于受拉状态，即 $\sigma_1+\sigma_2+\sigma_3 \geqslant 0$ 时，将应用式（4.4）获得稳定系数；当岩体处于压缩-剪切状态，即 $\sigma_1+\sigma_2+\sigma_3<0$ 时，将应用式（4.7）获得稳定系数。考虑到在应力场的计算中，已经将研究区离散为若干单元，处于不同应力状态的每个单元的稳定系数用式（4.13）表示：

$$\mathrm{fos}_j=\begin{cases}\sigma_{tj}/[\sigma_3]_j & ([\sigma_1]_j+[\sigma_2]_j+[\sigma_3]_j \geqslant 0)\\ \left(c_j\cos\phi_j-\dfrac{[\sigma_1]_j+[\sigma_3]_j}{2}\sin\phi_j\right)\Big/\left(\dfrac{[\sigma_3]_j-[\sigma_1]_j}{2}\right) & ([\sigma_1]_j+[\sigma_2]_j+[\sigma_3]_j<0)\end{cases}$$

$$(j=1,2,\cdots,M) \tag{4.13}$$

式中：fos_j 为第 j 个岩体单元的稳定系数；$[\sigma_1]_j$、$[\sigma_2]_j$ 和 $[\sigma_3]_j$ 分别为第 j 个岩体单元的最大、中间和最小主应力；c_j、ϕ_j 和 σ_{tj} 分别为第 j 个岩体单元的黏聚力、内摩擦角和抗拉强度；M 为目标岩土体区域划分的总单元数。

根据不同的分析需求，目标区域的选择是灵活的。它可以是围岩的全部区域，也可以是整个区域的一部分，称为窗口。因为本书中关于应力、应变、压力等的符号约定与常规的弹性力学规则兼容，所以 $[\sigma_1]_j$、$[\sigma_2]_j$ 和 $[\sigma_3]_j$ 取正号时意味着张拉。

通过式（4.13）可以获得区域中全部单元的点稳定系数，若将每个单元简化为质点，并将其形心坐标作为质点坐标，则意味着获取了一个基于点稳定系数的场。

4.3　全局稳定系数

在基于点稳定系数的考量中，虽然可以精确地判断每个单元的稳定状态，继而得到稳定系数场的表达，但一个无法回避的问题是，岩土局部某一个单元的稳定状态并不直接等于其整体的稳定状态，而是针对不同的具体场景有不同的判别方式。

4.3.1　适用于边坡的全局稳定系数

1. 边坡最危险滑动面和全局稳定系数

对边坡而言，最危险滑动面与边坡内部的应力场密切相关。动力过程中应力场随时间不断变化，导致最危险滑动面的位置不断变化。瞬时动力稳定性分析的核心目标是搜索瞬时应力场中稳定系数最小的滑动面，将其标记为最危险滑动面，或称为临界滑动面。寻找最危险滑动面是一个典型的非线性优化问题，如式（4.14）所示，最危险滑动面可以表示为物理力学指标场和应力场的函数：

$$\mathrm{sl}=f(S_\mathrm{f},R_\mathrm{p})\quad(\mathrm{fos}\rightarrow\min) \tag{4.14}$$

式中：sl 为最危险滑动面；S_f 为应力场；R_p 为岩土体的物性力学指标场。

式（4.14）表明，最危险滑动面是 S_{f} 和 R_{p} 的函数，并且满足该滑动面上的稳定系数 $\mathrm{fos}_{\mathrm{sl}}$ 取得最小值这一约束。这里，稳定系数由 Kulhawy（1969）的定义获取：

$$\mathrm{fos}=\int_{\mathrm{sl}}\tau_{\mathrm{f}}\mathrm{d}s\Big/\int_{\mathrm{sl}}\tau_{\mathrm{act}}\mathrm{d}s \tag{4.15}$$

式中：$\mathrm{d}s$ 为滑动面微元；τ_{f} 和 τ_{act} 分别为滑动面微元的抗剪强度与剪应力。

式（4.14）、式（4.15）完整地从非线性优化的角度定义了边坡的最危险滑动面。必须指出，最危险滑动面一般不具有唯一性，假设有两个滑动面分布在不同的位置，但只要它们拥有相同的稳定系数，并且这个稳定系数在所有的滑动面系统中达到最小值，则这两个滑动面都是式（4.14）、式（4.15）合理的解。也就是说，边坡系统的稳定系数是唯一的，但对应的滑动面位置可以不唯一。即使在确定的应力场和物性力学指标场条件下，其发育位置也并不总是唯一的。在实践中还发现，这种多解性不仅取决于模型本身的特性，还与数值分析的分辨率（网格密度）密切相关。多条稳定系数相近的滑动面在空间的富集，体现为这些滑动面分布在相对狭小的区间内，也就是表现为滑带厚度，这种数学上的多解性无论是在力学上还是在地质上均是合理的。

2. 最危险滑动面的时空随机分布

对于静力问题，可以视外部荷载、构造的应力场等保持不变，而自重应力场是岩土体密度的函数，因此边坡应力场成了物理力学指标场的函数，并不具有独立性，即

$$S_{\mathrm{f}}=\chi(R_{\mathrm{p}}) \tag{4.16}$$

因此，物理力学指标场决定了最危险滑动面的随机分布。

对于动力问题，应力和岩土体的物理力学指标呈现出时空分布特性，因此应力场 S_{f} 还与时域及动荷载的自身特性高度相关，如式（4.17）、式（4.18）所示。

$$S_{\mathrm{f}}=\chi(R_{\mathrm{p}},t,D_{1})=g(s,t,D_{1}) \tag{4.17}$$

$$R_{\mathrm{p}}=\delta(s,t) \tag{4.18}$$

式中：s 为空间；t 为时间；D_{1} 为动荷载。

由于需要考虑应力场和物理力学指标场的时空变化，这一动力问题变得极为复杂。正如一切静力问题皆可视为动力问题的特例一样，事实上，静力问题可以看作 $t=0$ 时刻的动力学问题。考虑到应力场的时变特性显著，而岩土体物理力学性质指标场在整个动力过程中不如应力场变化明显，可以采用简化的方案，既不考虑物理力学性质的随机性，又忽略其在动力过程中的变化，只考虑时间应力场。因此，式（4.14）可进一步简化为

$$\mathrm{sl}=f(t)\quad(\mathrm{fos}\rightarrow\min) \tag{4.19}$$

式（4.19）表示，最危险滑动面的位置是时间的函数。与之相应，在整个时域内最小稳定系数构成时间序列 $\{\mathrm{fos}_{i}\}$，其中 $i=1,2,\cdots,N$，代表应力场不同的采样时刻。绘制稳定系数时程曲线，曲线上的每一个点表示对应时刻边坡的最小稳定系数，并且

每一个最小稳定系数均对应一个在空间上分布的最危险滑动面。因此，最危险滑动面具有时空随机分布特性，其分布最集中的区域往往呈现为一个条带，可以将此条带作为最可能发生失稳的滑移区。并且，必须认识到边坡的瞬间失稳与边坡的整体失稳并没有必然联系（Newmark，1965），因为瞬间失稳的状态往往可以被紧随其后的瞬时稳定态所修复（刘晓 等，2015），只有从统计意义上来看待瞬时状态才能做出正确的评价。为此，可以用最小稳定系数所构成的时间序列的均值来刻画动力过程中边坡的整体稳定性，如式（4.20）所示。

$$\overline{\mathrm{fos}}=\frac{1}{N}\sum_{i}^{N}\mathrm{fos}_i \tag{4.20}$$

3. 最危险滑动面的定位方法

最危险滑动面定位问题的数学实质是一个高度非线性优化问题，无论是对静力问题还是对动力问题皆是如此。相比静力视角，动力条件下的最危险滑动面的定位问题增加了一个对动态应力场的获取，借助各种动力分析软件实现动力分析，然后得到不同时刻的最危险滑动面及其稳定系数时程，具体方法如下。

（1）采用支持动力分析的程序和软件（如 FLAC3D、ANSYS 等）进行动力仿真，按既定时间间隔进行 N 次采样，提取 N 个瞬时应力场，构成应力场时间序列 StressField(N)。为了在不提高网格密度的情况下提高应力场的分析精度，还可以采用 Zheng 等（2005）提出的应力场插值算法。

（2）用圆弧滑动面或非圆弧滑动面定义边坡的破坏模式，并用式（4.15）定义全局稳定系数。例如，可以采用多段线表示滑动面。

（3）生成随机滑动面，每生成一条随机滑动面，均按照式（4.15）计算其稳定系数，搜索稳定系数的最小值，记录最危险滑动面的位置，并作为该时刻边坡的响应特征。在具体搜索方法上，可以参考作者开发的有关非圆弧最危险滑动面的搜索算法（刘晓 等，2015）。

（4）对每一个应力场，重复步骤（2）、步骤（3），获取两个时间序列，即最危险滑动面序列 Slide(N) 及对应的稳定系数序列 Fos(N)。其中，Slide(N) 用来保存多条滑动面的坐标。所得到的 Slide(N) 和 Fos(N) 为后续分析的基本数据。作者提出的这种分析架构已获得成功的应用（刘晓 等，2015，2012；刘晓，2010），具有四个方面的优点：①基于完全的非线性动力反应分析；②在滑动面形态上具有良好的适配性，兼容圆弧滑动和非圆弧滑动模式；③在滑动面的搜索算法上，能够兼容现今和将来涌现的各种高阶算法，具备全局优化的能力；④拥有高精度应力场生成技术。

关于岩土动力值计算软件，本书建议采用 FLAC3D，主要是考虑到它不仅拥有很强的动力学分析性能，而且具有优秀的二次开发能力（Liu and Ez Eldin，2012；Itasca Consulting Group Inc.，2009）。

4.3.2 适用于隧道围岩的全局稳定系数

1. 围岩最危险点和全局稳定系数

与边坡破坏模式不同，隧道围岩并不沿着某一圆弧或者近似圆弧产生剪切破坏，而是更多地表现为发生在顶拱、边墙等部位的零星的破坏逐步发展、扩大导致的整体失稳。也就是说，隧道围岩破坏模式有两个显著特点：第一，围岩破坏是以区域呈现的，在三维上表现为体，在二维上表现为面域，其破裂面（失稳区域与稳定区域的边界）在几何上一般不表现为相对规则、固定的模式；第二，表现出明显的渐进性，围岩的破坏往往像多米诺骨牌一样，从某一个小区域的失稳迅速发展、扩大。

如果说上述第一个特点使得隧道围岩的全局稳定系数的定义存在空间几何上的困难，不容易像边坡那样给出一个类似于式（4.14）、式（4.15）的定义式，那么上述第二个特点则明确提示人们，可以根据其失稳的渐进特性，直接搜索围岩中点稳定系数最小的单元，其发育的位置最为危险（即关键块体），该最小点稳定系数可以作为围岩的整体稳定系数。

基于上述思想，可以在目标区域所有单元的稳定系数中搜索最小的值，并将其作为围岩整体的稳定系数，且将其对应的单元标记为关键块体。由于有可能存在多个块体同时达到最小值的情况，同一最小值可能对应多个关键块体，这一过程描述为

$$\mathrm{fos}=\min\{\mathrm{fos}_j\} \quad (j=1,2,\cdots,M) \tag{4.21}$$

其中，fos 定义为围岩的全局稳定系数，简称围岩稳定系数，目标区域共有 M 个单元，j 为目标区域的单元编号，$j=1,2,\cdots,M$，fos_j 为第 j 个单元的稳定系数。

2. 瞬时动力稳定性分析

在动力条件下，如在泥石流的冲击期间，障碍物岩体中的应力不断变化，动态应力场的每一刻反映了岩体的独特的瞬时状态。因此，可以通过对瞬时应力场的定量解译来实现对岩体瞬时动力稳定性的评估。

瞬时动力稳定性分析的关键是在泥石流冲击期间确定岩体的关键部位，并对其或相应的瞬时稳定系数进行评估。其主要思想是：通过等间隔采样提取岩体的一系列应力场，并在每个场中执行搜索操作，搜索瞬时稳定系数最小的部位，作为关键部位，记录其瞬时稳定系数，当执行完所有的应力场搜索操作时，就得到了岩土体关键部位发育演化的时间序列，以及这些关键部位对应的稳定系数时间序列，具体步骤如下。

（1）采用数值方法模拟泥石流冲击压力条件下岩体的动力响应。在本书中，将 FLAC3D（Itasca Consulting Group Inc.，2009）作为生成应力场的计算引擎，以固定时间间隔进行 N 此采样，得到 N 个应力场，记为 StressField（$i=1, 2, \cdots, N$）。在实现细

节上，作者设计了一个程序，通过处理从 FLAC3D 导出的原始数据来生成瞬时应力场（Liu et al.，2015；Tang et al.，2015）。

（2）计算每个单元的稳定系数 fos，稳定系数的定义可遵循 4.2.1 小节有关点稳定系数的定义。现以最大拉应力准则联合莫尔-库仑屈服准则为例加以说明。式（4.13）列出了单应力场条件下的稳定系数，当扩展到 N 个应力场时，每个应力场对应一个稳定系数场，每个单元的稳定系数表示为

$$\mathrm{fos}_{i,j}=\begin{cases}\sigma_{tj}/[\sigma_3]_{ij} & ([\sigma_1]_{ij}+[\sigma_2]_{ij}+[\sigma_3]_{ij}\geqslant 0)\\ \left(c_j\cos\phi_j-\dfrac{[\sigma_1]_{ij}+[\sigma_3]_{ij}}{2}\sin\phi_j\right)\Big/\left(\dfrac{[\sigma_3]_{ij}-[\sigma_1]_{ij}}{2}\right) & ([\sigma_1]_{ij}+[\sigma_2]_{ij}+[\sigma_3]_{ij}<0)\end{cases}$$

$$(i=1,2,\cdots,N;\ j=1,2,\cdots,M) \tag{4.22}$$

式中：$\mathrm{fos}_{i,j}$ 为第 i 个应力场中第 j 个岩体单元的稳定系数；$[\sigma_1]_{ij}$、$[\sigma_2]_{ij}$ 和 $[\sigma_3]_{ij}$ 分别为第 i 个应力场中第 j 个岩体单元的最大主应力、中间主应力和最小主应力；ϕ_j、c_j 和 σ_{tj} 分别为第 j 个岩体单元的内摩擦角、黏聚力和抗拉强度；N 为动应力场的总采样数；M 为目标岩土体区域划分的总单元数。本书中关于应力、应变、压力等的符号约定与常规的弹性力学规则兼容，所以 $[\sigma_1]_{ij}$、$[\sigma_2]_{ij}$ 和 $[\sigma_3]_{ij}$ 取正号时意味着张拉。值得注意的是，本书假设内摩擦角、黏聚力和抗拉强度与时间无关，因此 c_j、ϕ_j 和 σ_{tj} 仅有下标 j。

（3）搜索目标区域最小 $\mathrm{fos}_{i,j}$，将其作为围岩整体的稳定系数，并将最小 $\mathrm{fos}_{i,j}$ 相应的单元标记为关键块体。由于有可能存在多个块体同时达到最小 $\mathrm{fos}_{i,j}$ 的情况，同一 $\mathrm{fos}_{i,j}$ 可能对应多个关键块体，这一过程描述为

$$\mathrm{fos}_i=\min\{\mathrm{fos}_{i,1},\mathrm{fos}_{i,2},\mathrm{fos}_{i,j},\cdots,\mathrm{fos}_{i,M}\}\quad (i=1,2,\cdots,N;\ j=1,2,\cdots,M) \tag{4.23}$$

式中：fos_i 为第 i 个应力场条件下围岩的瞬时稳定系数。

（4）对于每一个应力场，重复步骤（2）和步骤（3），就可以得到两个时间序列，即围岩瞬时关键块体的序列，记为 $\{\mathrm{elm}_i\}$，以及瞬时稳定系数序列，记为 $\{\mathrm{fos}_i\}$，其中 $i=1,2,\cdots,N$。

通过以上步骤所获取的 $\{\mathrm{fos}_i\}$ 和 $\{\mathrm{elm}_i\}$ 为动力稳定性分析的基础数据。在整个动力过程中，最危险点（关键块体）的位置是变化的，而与之对应的稳定系数即构成了时间序列 $\{\mathrm{fos}_i\}$，绘制时程曲线，曲线上的每一个点表示该时刻围岩的最小稳定系数，并且在空间上对应位置变化的最危险单元。为此，可用最小稳定系数时间序列的均值来刻画动力过程中围岩的全局稳定性，如式（4.20）所示。在更为保守的情况下，可以将稳定系数时间序列的最小值作为全局稳定系数，如式（4.24）所示。

$$\mathrm{fos}_{\min}=\min\{\mathrm{fos}_i\} \tag{4.24}$$

4.4 算例分析

4.4.1 算例概况

现对泥石流冲击下的隧道围岩动力稳定性进行评估。设有如图 4.1 所示的算例，图 4.1（a）展示了计算剖面和网格划分，图 4.1（b）展示了数值监测点的位置。采用 FLAC3D 进行动力模拟，共计划分 3 666 个单元，泥石流的冲击压力模型参数如表 3.1 所示，岩体的物理力学参数如表 4.2 所示，隧道围岩的动力分析参数在表 4.3 中列出。

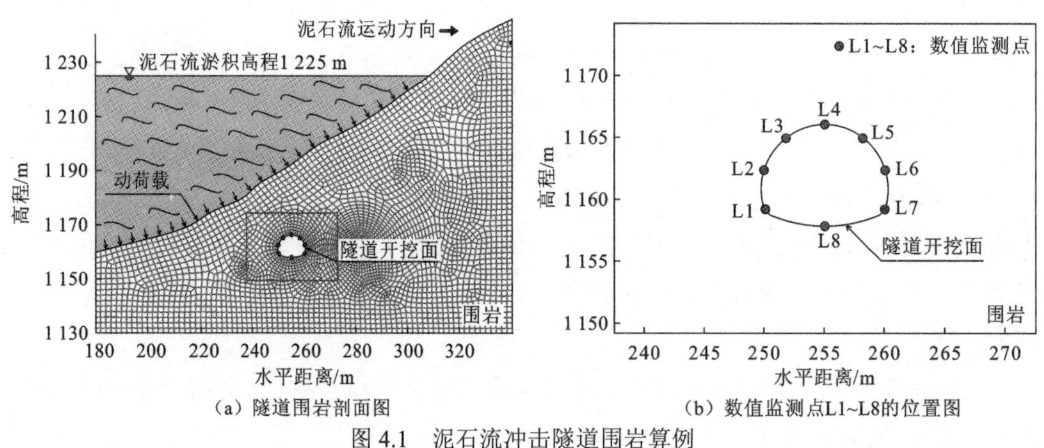

（a）隧道围岩剖面图　（b）数值监测点L1~L8的位置图

图 4.1　泥石流冲击隧道围岩算例

表 4.2　岩体物理力学参数

抗剪强度指标		抗拉强度	杨氏模量	泊松比	密度
c/MPa	φ/（°）	σ_t/MPa	E/GPa	μ	ρ_r/（kg/m^3）
0.8	38	0.78	1.5	0.30	2 548.4

表 4.3　隧道围岩动力分析参数

边界条件			网格			动力输入		阻尼	
底部	左、右	上边界	最小网格/m	最大网格/m	单元个数	动力生成	持续时间/s	类型	临界阻尼比
静态边界	自由边界	自由边界	0.52	2.75	3 666	式（3.13）	20	局部	0.5%π

4.4.2 隧道围岩动力响应分析

在泥石流冲击期间，隧道岩体的加速度、速度、位移、应力、应变等动态物理量及其派生变量不仅随空间变化，而且随时间波动。从系统的角度来看，这种波动现象被定义为系统对外部激励的反应，此时，系统是隧道围岩，外部激励是泥石流的冲击压力。为了分析这些物理量在 20 s 冲击持续时间内的响应，对相关物理场进行等时间间隔的均匀采样，采样间隔时间设置为 0.125 s。相应地，设置总采样数 N=161。

1. 加速度响应

在动力分析中，加速度是最重要的物理指标之一。本质上，速度和位移分别是加速度对时间的一次与二次积分。因此，加速度是根本指标之一，对其开展响应分析能够从底层上追溯速度、位移等系统响应多方面的特性。

这里讨论的加速度具有三个特征：第一，加速度是一个矢量，在二维问题中可以分解为水平方向（X 向）和竖直方向（Z 向）的两个分量；第二，加速度是随空间变化的（也称为空间相关），因此，其在空间上的分布被定义为加速度场；第三，加速度是随时间变化的（也称为时间相关）。当将这三个特性联合起来考虑时，加速度不可避免地成为时变矢量场。由于问题的复杂性，研究加速度的响应，可以预先对某些变化因素予以锁定，分别考察其在某种单一主因素条件下的变化，可以从时间尺度和空间尺度两个方面分别进行变量的拆解分析。

在时间尺度上，当把观察的视角定格在围岩中的任意一点时，会发现任意一点的加速度都随时间的变化而变化，且具有与泥石流的冲击压力系数（图 3.2）相似的波形。图 4.2（a）～（c）分别展示了监测点 L1～L4 的加速度的 X 向分量、Z 向分量、组合值的时程曲线。图 4.2（d）展示了图 4.2（c）中监测点 L3 的加速度时程，其最大加速度为 0.27 m/s^2，位于 t=5.0 s 时刻。

在空间尺度上，当把观察的视角定格在某一时刻（如 t=5.0 s）时，会发现瞬时加速度随着空间位置的不同而发生变化。从图 4.2 发现，尽管监测点 L1～L4 在时间 t=5.0 s 附近都出现了各自的加速度峰值，但峰值之间存在显著的大小差异，监测点 L3 上的加速度时程曲线的波动幅度大于其他监测点，这表明监测点 L3 上的振动比其他监测点更为剧烈。图 4.3（a）显示了在 t=5.0 s 时围岩瞬时加速度的总体走势。可以发现，浅表岩体区域具有最高的瞬时加速度，这主要是由于浅表岩体距离泥石流冲击的接触面最近，受坡面传递的冲击压力的影响最为显著。如图 4.3（b）中放大的云图区域所示，朝泥石流与边坡接触面方向的隧道表面（即隧道左上方）部分，更容易受到动力冲击的影响。在隧道表面围岩区，最大加速度出现在监测点 L3 处，然后沿该点的两侧下降，而在隧道底板（监测点 L8 附近）和远离坡面的区域（监测点 L7 附近）泥石流冲击的影响较小。

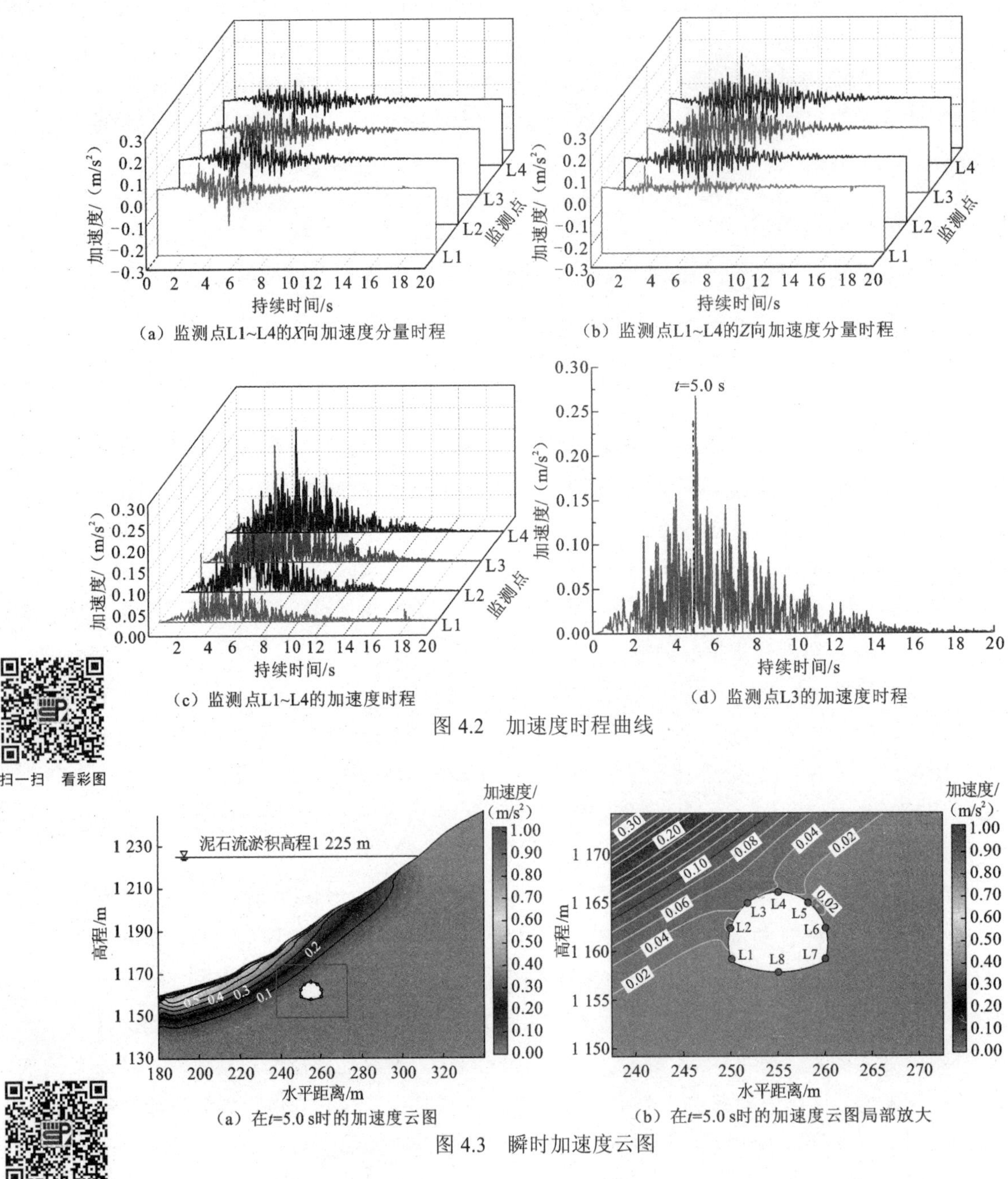

（a）监测点L1~L4的X向加速度分量时程　（b）监测点L1~L4的Z向加速度分量时程

（c）监测点L1~L4的加速度时程　（d）监测点L3的加速度时程

图 4.2　加速度时程曲线

（a）在t=5.0 s时的加速度云图　（b）在t=5.0 s时的加速度云图局部放大

图 4.3　瞬时加速度云图

图 4.4 展示出了加速度的空间分布。在图 4.4（a）中，瞬时加速度的 *X* 向和 *Z* 向分量及相应的时间构成了空间坐标系中的点，所有的采样点（*N*=161）组成图 4.4（a）的红点，呈现比目鱼形状。每个红点在三个坐标平面上的投影分别用黑色（*X-t* 平面）、蓝色（*Z-t* 平面）和绿色（*X-Z* 平面）标记。值得注意的是，如图 4.4（a）中的绿色部分所示，监测点 L3 的加速度在 *X-Z* 平面上的投影显示出很强的线性相关性，这体现

了加速度的 X 向分量与 Z 向分量之间并不是杂乱分布的，而是具有明显的线性相关性。为了探究这种相关现象在其他监测点上出现的强度，图 4.4（b）提供了 X-Z 平面上监测点 L1～L4 的散布图。结果表明，监测点 L1 的线性相关性较弱，监测点 L2 的线性相关性有所增加，监测点 L3 和 L4 的线性相关性最明显。这种线性相关性传达出非常明确的物理意义，即从图 4.4（b）散布点的拟合直线方向可得泥石流冲击力的总体方向为 θ=123.5°，减去 90° 即对应的等效坡角（$\delta=\theta-90°$=33.5°），而整个斜坡接触面的实际平均坡角为 φ=28.6°，可以发现等效坡角与斜坡的实际平均坡角比较接近，并稍大。在考虑冲击压力的总体影响时，由于泥石流的冲击压力随着深度的加深而增加，泥石流与斜坡接触面的底部将具有更大的权重，冲击压力总体作用的平均效果是，冲击力的垂线方向自平均坡面线的初始方向发生逆时针偏转，这就是 δ 与 φ 很接近但仍然显示出差异的原因。相关角度的几何关系详见图 4.4（b）。

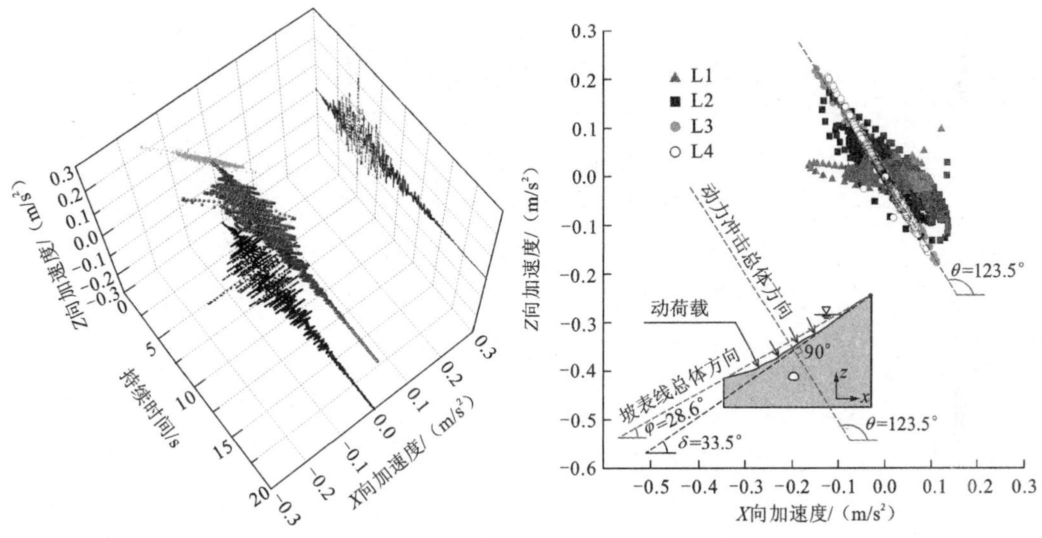

（a）监测点L3的加速度空间投影　　（b）泥石流总体冲击方向的时空分析

图 4.4　加速度的空间分布

扫一扫　看彩图

2. 位移响应

本质上，位移是加速度随时间变化的二次积分。图 4.5 展示了监测点 L1～L8 的累积位移时程曲线。在泥石流冲击的 20 s 期间，横向比较各监测点发现，监测点 L3 和 L2 的位移最大，而监测点 L8 的位移最小。因为监测点 L3 和 L2 位于隧道表面的左上角，它们是最接近外部斜坡表面上的动态冲击源的点，所以监测点 L3 和 L2 经受了最大的振动，这不仅表现在加速度方面，如图 4.3（b）所示，而且表现在位移方面，如图 4.5 所示。

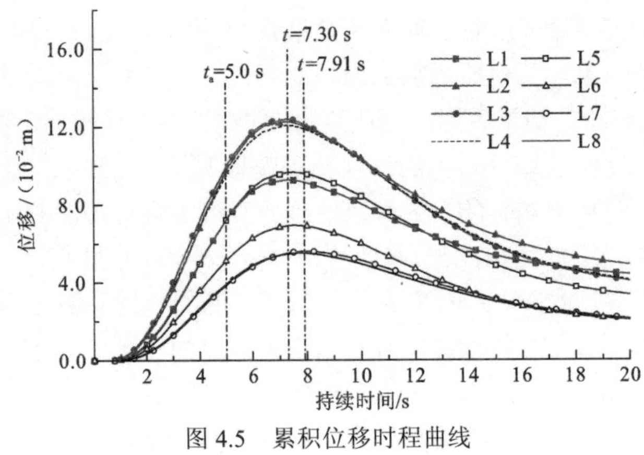

图 4.5　累积位移时程曲线

从图 4.5 中可以观察到两个有趣的现象。第一个现象是在 20 s 的泥石流冲击完成后，位移并未归零，仍有残余位移。在冲击持续时间（t=20 s）结束时，监测点 L1～L8 的残余位移在 0.02～0.05 m 变化。这种现象表明隧道表面发生了永久变形。另一个有趣的现象是位移响应的滞后效应。注意到泥石流的最大冲击压力[图 3.2（b）]在 t=5.0 s 发生，但是最大累积位移在监测点 L3 延迟到 t=7.30 s，在监测点 L8 延迟到 t=7.91 s。实际上，岩体的任何响应（如加速度、速度和位移等）都会对外部输入产生滞后效应。加速度响应的滞后主要取决于岩体的波速及振动源与监测点之间的距离。因为从隧道表面到斜坡表面的最小距离仅为 20 m，考虑到岩体中的波速，这是一个很小的距离，所以加速度响应的滞后在图 4.2（c）、（d）中不显著。从数学的角度来看，位移被定义为加速度随时间变化的二次积分，因此最大位移的延迟会在这两次积分操作中得到积累而变得明显。

为了说明累积位移的空间分布，图 4.6 提供了累积位移云图。图 4.6（a）、（b）展示了在 t=5.0 s 时累积位移的 X 向和 Z 向分量的云图，从中可观察到累积位移的 Z 向分量（垂直方向）略高于 X 向分量（水平方向）。图 4.6（c）展示了在 t=5.0 s 时的累积位移云图，其对应的放大区域如图 4.6（d）所示。图 4.6（e）展示了在 t=7.30 s 时的累积位移云图，其对应的放大区域如图 4.6（f）所示。由于滞后效应，即便输入的动力波形在 5.0 s 后有所减小，系统的总体位移水平在 5.0～7.30 s 仍然持续增加，如图 4.5、图 4.6（d）、图 4.6（f）所示。

3. 应力和应变响应

在空间尺度上，围岩中各点的应力随位置的不同而表现各异，形成应力场；在时间尺度上，随着外界动力冲击的加入，围岩内各点的应力又随时间变化，表现为动应力，因此上述应力场表现为在外界动力冲击期间自适应地变化。由于应力在隧道围岩稳定中起着关键作用，从时空变化的角度揭示应力响应具有非常重要的意义。

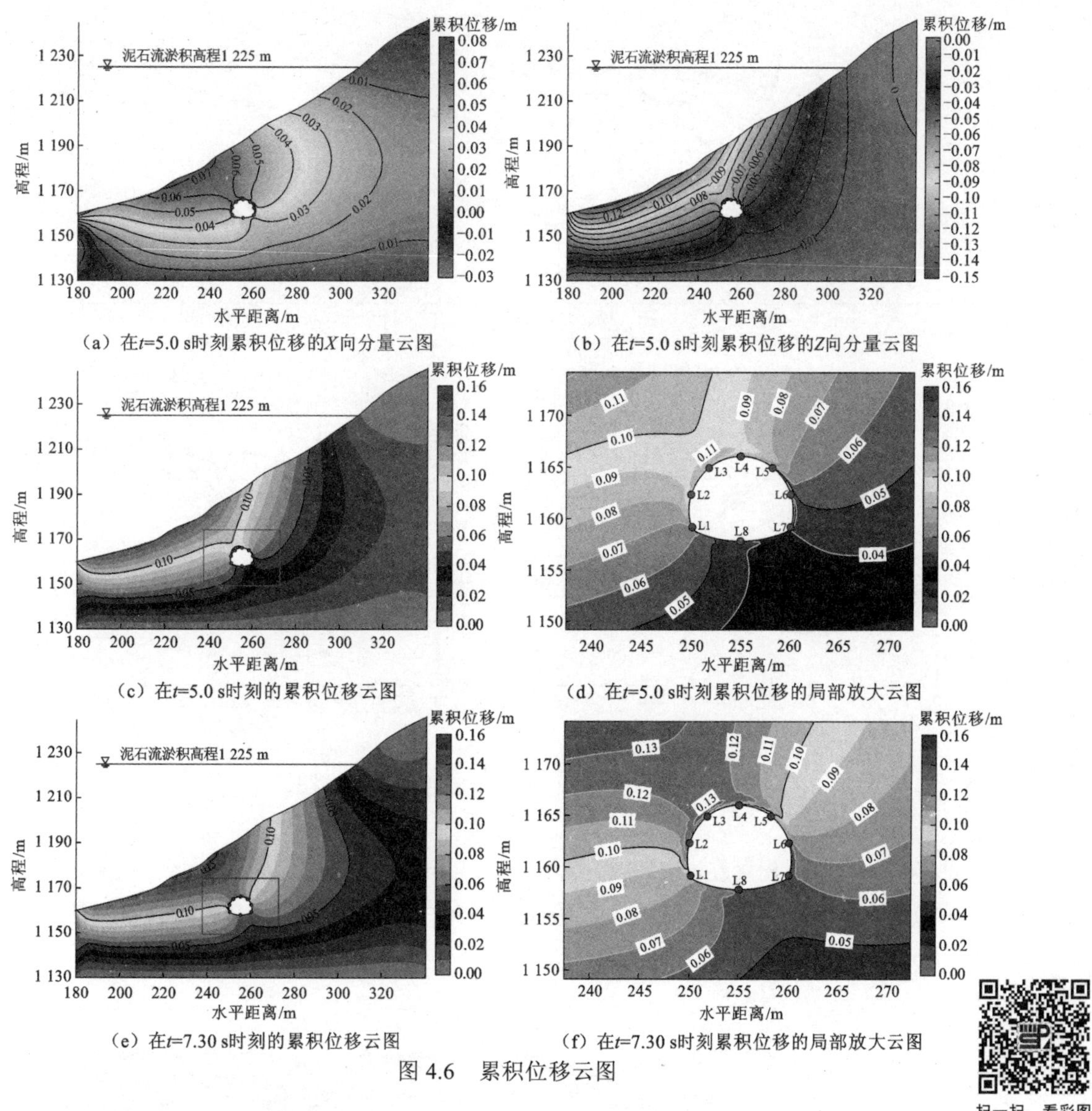

（a）在t=5.0 s时刻累积位移的X向分量云图　（b）在t=5.0 s时刻累积位移的Z向分量云图

（c）在t=5.0 s时刻的累积位移云图　（d）在t=5.0 s时刻累积位移的局部放大云图

（e）在t=7.30 s时刻的累积位移云图　（f）在t=7.30 s时刻累积位移的局部放大云图

图 4.6　累积位移云图

扫一扫　看彩图

图 4.7 展示了监测点 L1～L8 的应力时程曲线。正应力（法向应力）总体为负，表示岩体总体呈压缩状态。如图 4.7（a）所示，X 向上压应力最大的位置在监测点 L1，Z 向上压应力最大的位置也在监测点 L1，如图 4.7（b）所示。如图 4.7（c）所示，监测点 L1 经历了最大的正向剪应力，而监测点 L7 经历了最大的负向剪应力。

差应力被定义为最大主应力和最小主应力之差，即 $\sigma_1-\sigma_3$。如式（4.13）所示，差应力在点稳定系数计算中起着关键作用，因此研究其时空变化对解释点稳定性系数如何在时间和空间维度上变化很有帮助。图 4.7（d）展示出了差应力的时程曲线。注意到差应力的符号为负，这是因为本书中的符号约定与常规的弹性力学规则兼容，差应力最大的位置在监测点 L1，其次是监测点 L2。

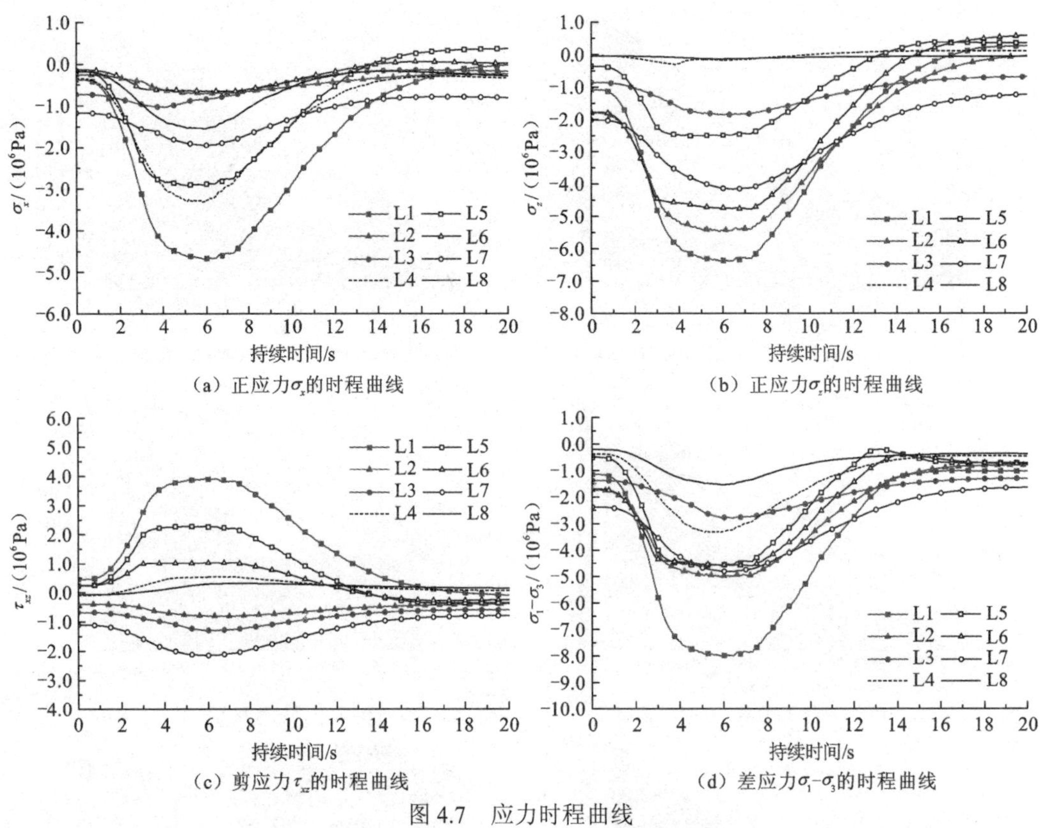

（a）正应力σ_x的时程曲线

（b）正应力σ_z的时程曲线

（c）剪应力τ_{xz}的时程曲线

（d）差应力$\sigma_1-\sigma_3$的时程曲线

图 4.7　应力时程曲线

图 4.8（a）展示出了在 t=7.30 s 时差应力 $\sigma_1-\sigma_3$ 的空间分布，图 4.8（b）为图 4.8（a）的局部放大图。可以看到，隧道表面的左侧下角（监测点 L1 附近）和右侧中部（监测点 L6 附近）的差应力较为集中。

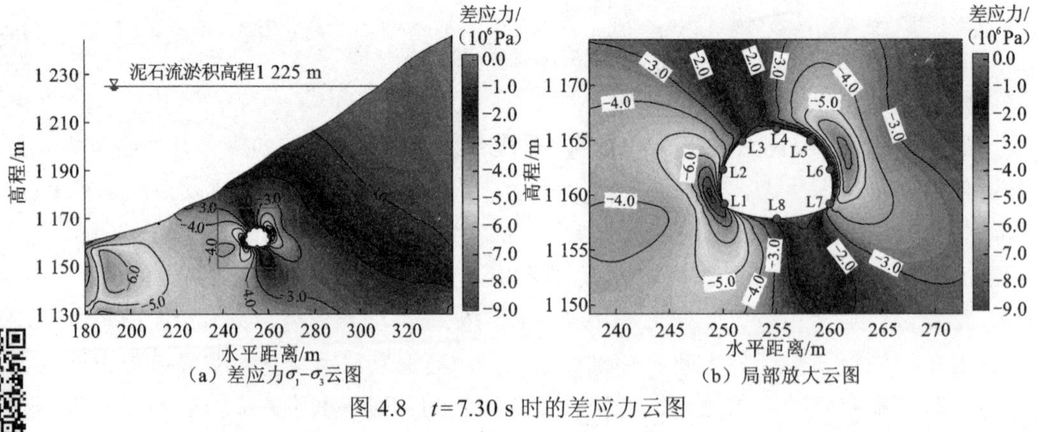

（a）差应力$\sigma_1-\sigma_3$云图

（b）局部放大云图

图 4.8　t=7.30 s 时的差应力云图

扫一扫　看彩图

图 4.9（a）展示了在 t=7.30 s 时局部放大区域的剪切应变增量（SSI）云图，

图 4.9（b）展示了体积应变增量（VSI）云图。整体上，体积应变增量 VSI 为负，表示岩土处于体积压缩状态。比较图 4.8（b）和图 4.9（a）会发现，应变和应力的响应趋势总体上保持一致，这主要是由于应力与应变的内在关系：应力与应变之比是相应的模量，而在本书中假定该模量是固定的，不随时间变化。

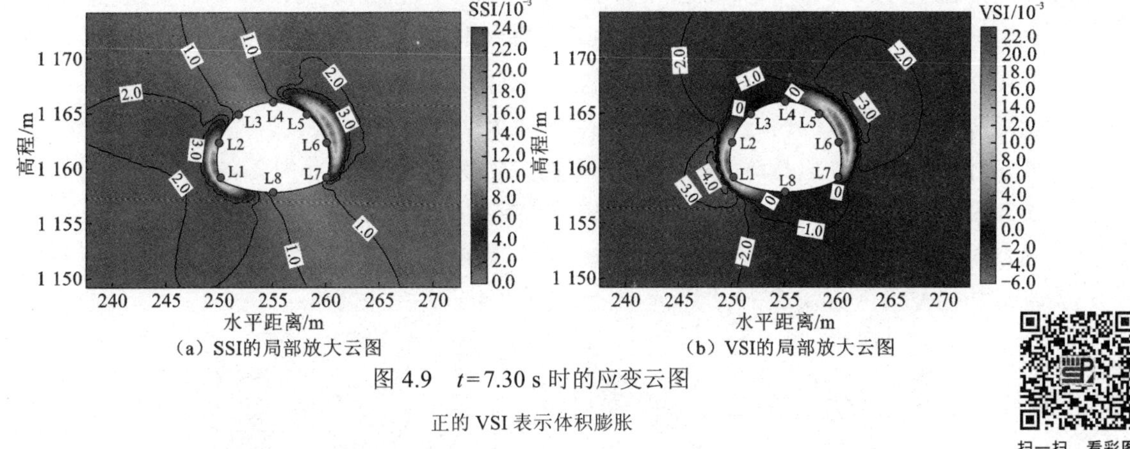

（a）SSI的局部放大云图　　（b）VSI的局部放大云图

图 4.9　t=7.30 s 时的应变云图

正的 VSI 表示体积膨胀

扫一扫　看彩图

4.4.3　瞬时稳定系数的时空分布

瞬时稳定系数具有两个方面的含义。首先，根据式（4.22），围岩中的每个单元都有其瞬时稳定系数，因此，瞬时稳定系数实际上是一个随时间和空间变化的特定的响应场，也就是瞬时稳定系数场。其次，出于宏观评估的目的，有必要从时间和空间两个方面提取场的代表值，因为工程实践对决策指标的特性往往有简单、明确的要求，单单依靠复杂多变的瞬时稳定系数场还不能直接做出最终的决策。因此，在固定时间的情况下，将统计窗口中所有单元的最小值作为岩体该时刻的瞬时稳定系数是合理的。更进一步，可以将瞬时稳定系数时程中的最小值或者平均值作为该时段内岩体稳定系数的代表值——全局稳定系数，以便于对围岩的整体稳定性进行快速评估。

4.4.4　动力稳定性分析结果

综合稳定性分析结果，可以总结出以下几个要点。

第一，加速度响应分析表明，隧道表面的最大加速度为 0.27 m/s^2，该数值相当于重力加速度的 0.028 倍，出现在 t=5.0 s 附近，如图 4.3 所示。

第二，位移分析表明，隧道围岩位移有两个方面的特征：首先，尽管各监测点最终的永久位移不大（在 0.02～0.03 m 变化），但其所经历的瞬时最大位移曾经一度达到 0.12 m，高出一个数量级；其次，瞬时位移表现出明显的滞后效应，这种滞后效应是指，若将瞬时位移作为系统外界扰动（动荷载施加）的一种响应，则这种响应明显滞后，如图 4.5 所示。

第三，应变和应力分析的响应表明，隧道表面的左下角（监测点 L1 附近）和中线右侧（监测点 L6 附近）经历了最大的差应力集中，如图 4.8 所示；并且，应变和应力的响应显示出一致的整体趋势，如图 4.9 所示。

对比图 4.5 可知，在 t=7.30 s 时刻，累积位移达到峰值，图 4.10 展示了累积位移达到峰值（t=7.30 s）时的瞬时稳定系数云图及其放大区域。图 4.10 显示，隧道表面左下角和右上角区域的瞬时稳定系数较低。值得注意的是，从图 4.10（a）还可以发现，斜坡以下周边区域的瞬时稳定系数也接近 1.0，这意味着该区域在泥石流冲击下处于或接近屈服状态。但是该区域不是本书感兴趣的区域，即隧道外部的区域发生破坏与否与隧道围岩评估的目的无关。这也提示选择用于评估的特定目标窗口，即统计窗口是合理的。在图 4.1（a）所示的模型中，隧道表面由 39 个单元构成。因此，动力稳定性评估的重点应放在这 39 个单元上[此时式（4.21）中设置 M=39]。

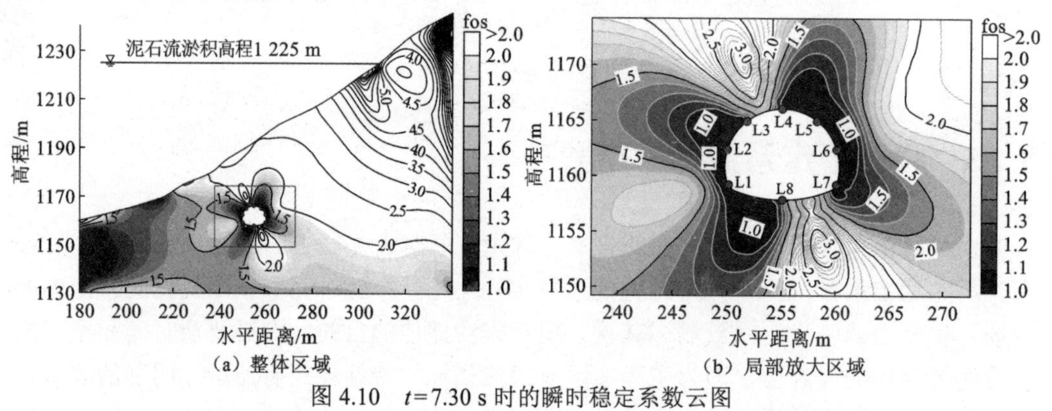

（a）整体区域　　（b）局部放大区域

图 4.10　t=7.30 s 时的瞬时稳定系数云图

图 4.11 显示了监测点 L1～L8 的瞬时稳定系数时程曲线，需要指出的是，监测点 L8、L4、L5 和 L6 的部分曲线段由于纵轴坐标超过 2.0 的范围而未显示。总体上，各

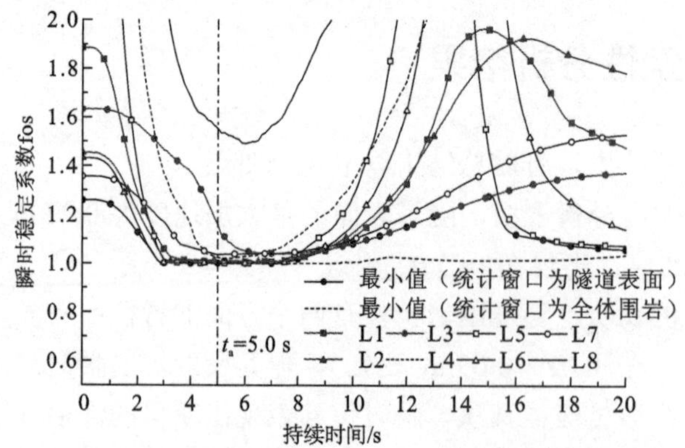

图 4.11　监测点 L1～L8 在不同统计窗口下瞬时稳定系数的时程曲线

监测点在 5.0～7.30 s 时段有一个共同的波谷段。其中，$t=5.0$ s 对应泥石流峰值冲击压力时刻，如图 3.2（b）所示；$t=7.30$ s 对应监测点 L3 的最大累积位移时刻，如图 4.5 所示。

图 4.11 中还分别展示了不同统计窗口条件下围岩的最小瞬时稳定系数。对于每一时刻的应力场，当统计窗口为全体围岩时，搜寻全体围岩（$M=3\,666$）中瞬时稳定系数的最小值，并记录其时程，就得到了全体围岩条件下的瞬时稳定系数时程；同理，当统计窗口仅为紧贴隧道表面的一圈围岩（$M=39$）时，得到了隧道表面围岩的瞬时稳定系数时程。以 $t=7.30$ s 时刻为界，两条曲线在前半段（即 0～7.30 s 时段）非常吻合，这表明在前一阶段中最危险的单元常常位于隧道表面。而对于后一阶段，即 7.30～20 s 时段，两条曲线出现明显的偏差，结合图 4.9（a）发现，产生这一现象的原因在于：该时段内最危险的单元往往被定位在图 4.10（a）所示的斜坡左下方区域，而不是隧道表面。斜坡坡表下方的这部分区域因承受泥石流的巨大冲击而发生破坏，但这部分的屈服区因远离隧道而不影响隧道的稳定性。这一现象从反面说明，统计窗口的选取与所关注的研究对象相关，当关注的研究对象是隧道围岩，但统计窗口范围被放大到全体围岩时，可能会因注意力的分散而导致错误的结果。

4.4.5　动力与静力两种分析模式的对比

为了说明动力分析相较于静力分析的优势所在，现考虑对比两种工况：对恒定静荷载（不随时间变化）分别采用动力和静力两种加载模式，前者将恒定荷载视为瞬时加载后维持恒定不变并开展动态分析，而后者则进行常规静荷载的静态分析。

分别取 $k(t)=8.0$ 和 $k(t)=6.4$ 两个冲击压力系数，其分别对应图 3.2 中 $t=5.0$ s 时的上边界和中心线的峰值，分别执行静态加载模式和动态加载模式。在静态加载模式下，加载的泥石流冲击力是恒定的，监测点 L1～L8 的位移大小标记在图 4.12（a）、（b）中的图框中，因为是静态分析，所以位移与时间轴无关。在动态加载模式下，考虑荷载瞬时加载并使其保持恒定，监测点 L1～L8 的位移响应如图 4.12（a）、（b）所示，位移在短时间内开始响应，然后达到稳定状态。通过比较图 4.12 和图 4.5 可以发现一些有趣但合理的结果。

首先，静力加载模式下的位移总体低于动力加载模式下的位移。这种现象在如图 4.12（a）所示的高负载条件下很明显，但是在如图 4.12（b）所示的较低负载条件下并不明显。这种现象可以通过材料的碰撞模型来解释。当采用静力加载模式来模拟原本动态的问题时，因为必须考虑边界上的反作用力才能满足静力平衡条件，所以会高估距离冲击位置较远区域的位移。对于弹塑性力学的数值解而言，当某一个区域承受更大的几何变形时，它将减轻其他区域的变形负担。因此，对非核心区域（远离冲击荷载所在区域）变形的高估无疑会导致对核心区域（冲击荷载所在区域）变形的低估。动力荷载越大，其对应的简化的静力分析所造成的误差就越明显。

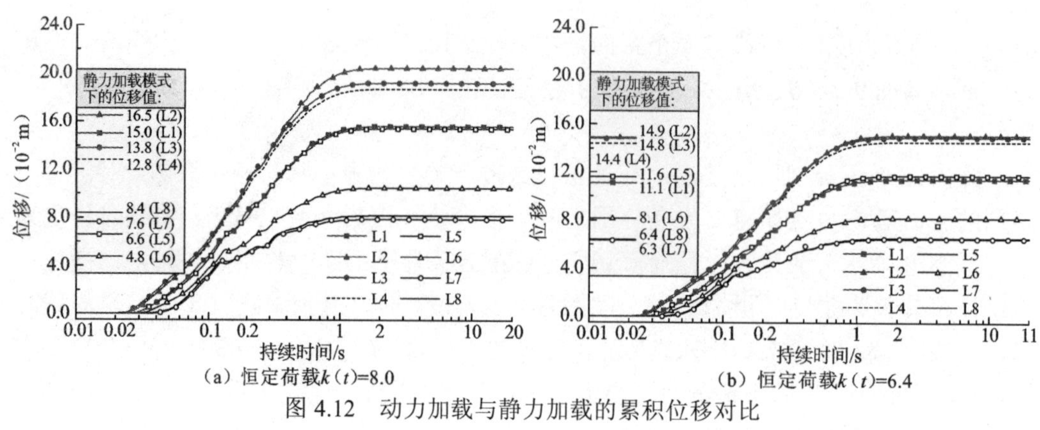

（a）恒定荷载$k(t)$=8.0　（b）恒定荷载$k(t)$=6.4

图 4.12　动力加载与静力加载的累积位移对比

其次，图 4.5 中动态累积位移的峰值与图 4.12（b）的结果显示出更好的一致性。在大多数情况下，图 4.5 所采用的动力冲击荷载[图 3.2（b）]大大低于其上边界峰值。因此，系统在位移上也表现出相似的响应规律，图 4.5 中的峰值明显低于图 4.12（a）中的峰值是合理的。此外，动力冲击荷载在中心线[图 3.2（b）]上下波动，该中心线构成了冲击荷载信号的低频部分。对于岩土介质而言，动力信号的高频部分往往比低频部分更容易随传播距离的增加而衰减，因此信号的低频部分对最终结果的影响更大。这就是图 4.5 的峰值与图 4.12（b）的一致性比图 4.12（a）更好的原因。此外，还应注意到动力分析和静力分析在位移上的结果的差异不超过一个数量级，这一事实说明当将一个动力问题高度简化为静力问题进行分析时，仍然是有意义的，因为基于静力分析快速、简便、易行的特点，其得出的结果可以大致勾画出动力分析结果的范围，对后续再开展更精确的动力分析具有参考价值。

应当注意到，图 4.12（a）中的某些监测点的静力位移（如监测点 L3～L6、L8）明显低于图 4.12（b）中的相应值。该现象似乎令人困惑，因为图 4.12（a）中的恒定荷载高于图 4.12（b）中的恒定荷载。但这一结果仍然是合理的，因为直接决定应力水平的因素是应变，而不是位移。应变定义为单位尺度上的相对位移，而保持较低的累积位移水平并不一定意味着较低的相对位移。实际上，通过观察可以发现：图 4.12（a）中的位移在 11.7 cm 左右变化，相应地，图 4.12（b）中的位移在 8.6 cm 左右变化。因此，粗略估计发现图 4.12（a）中的相对位移大于图 4.12（b）中的相对位移，继而可以得出图 4.12（a）中对应的应变及应力水平高于图 4.12（b）的对应值，也就是说，较高的恒定荷载导致了较高的应力水平。

4.5 本章小结

本章提出了一种新的动力稳定性分析方法，以评估动力冲击对隧道围岩的影响。

在泥石流冲击期间，周边岩土体内部的应力不但随空间变化，而且在时间上呈现出明显的随机性，由此形成了应力的时空分布。应力的空间分布形成了应力场，而这种应力场又随时间变化，成为一个随机过程。若将应力场的时空分布比喻成一整块吐司面包，时间轴是吐司面包的长轴，则每一时刻的动应力场就是面包的一块切片，无数切片构成了完整的面包。每一个切片体现了岩土体在动力反应过程中的瞬时状态，通过对瞬时状态的定量解译，可以实现对岩土体该时刻动力稳定性的评估。本章提出的新方法基于岩体各单元的瞬时稳定系数，而不是传统的基于位移阈值。以往，位移阈值的选择既是围岩稳定性评价中的关键问题，又是难点问题。位移阈值的选择主要基于工程经验，且缺乏严格的理论支持。为了解决这个问题，本章所采用的瞬时稳定系数具有严格的力学基础，能够提供更为客观、可信的数据。

第5章

岩土动力可靠性分析

5.1 基于瞬时稳定系数时间序列的动力可靠性分析

通常，失效概率被定义为结构或组件无法实现其功能的概率。对于岩土体稳定性而言，可靠性分析是从概率角度对其稳定性进行定量评估（刘晓等，2017a，2017b，2017c，2017d）。失效概率和可靠度指标是可靠性分析的主要评估指标。在岩土体可靠性评估中（Tang et al.，2015；Dai et al.，2002；Christian et al.，1994），极限状态方程表示为

$$G(R,S)=G(\boldsymbol{X})=\mathrm{Fos}(\boldsymbol{X})-K_{\mathrm{T}}=0 \tag{5.1}$$

式中：$G(R,S)$ 为功能函数；R 为岩土阻力效应；S 为荷载效应；$\mathrm{Fos}(\boldsymbol{X})$ 为稳定系数；K_{T} 为功能函数的阈值，对于岩土体稳定性问题，通常取 K_{T} 为不小于 1 的常数。R 和 S 可以概括为一个向量 $\boldsymbol{X}$，其中包含影响岩土体稳定性的各种参数，如岩层的物理力学性质和动荷载等。在本书中，岩土材料属性简化为不随时间变化的恒定值，而动荷载是 $\boldsymbol{X}$ 中的变量。当 $G(\boldsymbol{X})>0$ 时，岩土体处于稳定状态；当 $G(\boldsymbol{X})<0$ 时，岩土体失稳；当 $G(\boldsymbol{X})=0$ 时，岩土体处于极限平衡状态。

因此，可以将功能函数 $G(\boldsymbol{X})$ 视为一个安全裕度，并且可以将失效概率定义为如下形式（Liu et al.，2017；Tang et al.，2015；刘晓 等，2013；Huang et al.，2010；Xu and Low，2006）：

$$P_{\mathrm{f}}=P\{G(\boldsymbol{X})\leqslant 0\}=\int_{G(\boldsymbol{X})\leqslant 0} g(\boldsymbol{X})\mathrm{d}x \tag{5.2}$$

式中：P_{f} 为失效概率；$g(\boldsymbol{X})$ 为 $G(\boldsymbol{X})$ 的联合概率密度函数。

考虑到瞬时稳定系数是动荷载冲击期间的随机过程，因此可以将其描述为时间序列 $\{\mathrm{fos}_i\}\ (i=1,2,\cdots,N)$。相应地，岩土稳定状态指针的时间序列为 $\{S_i\}$，并且每个状态都可以通过式（5.3）计算，继而失效概率和相应的可靠度指标分别由式（5.4）和式（5.5）定义。

$$S_i=\begin{cases}1 & (\mathrm{fos}_i\leqslant K_{\mathrm{T}})\\ 0 & (\mathrm{fos}_i>K_{\mathrm{T}})\end{cases}\quad (i=1,2,\cdots,N) \tag{5.3}$$

$$P_{\mathrm{f}}=\frac{1}{N}\sum_{i=1}^{N}S_i\quad (i=1,2,\cdots,N) \tag{5.4}$$

$$\beta_{\mathrm{f}}=-\varPhi^{-1}(P_{\mathrm{f}}) \tag{5.5}$$

式中：K_{T} 为功能函数的阈值；P_{f} 为失效概率；β_{f} 为可靠度指标；$\varPhi^{-1}$ 为标准正态分布的累积分布函数的反函数。

理论上，对于岩土体稳定性问题，K_{T} 取常数 1。当某个岩土单元接近屈服时，其瞬时稳定系数理论上应等于 1.0，但对于数值计算而言，该值将不总是精确等于 1.0，而表现为稳定系数降低至接近 1.0。因此，K_{T} 取一个稍大于 1 的值是合理的。此外，K_{T} 的值越大，获得的评价结果越保守。本质上，式（5.4）是式（5.2）的离散化形式，

在此过程中，基于时间序列 $\{fos_i\}$ 获得了失效概率 P_f，这是基于瞬时稳定系数时间序列的一种方法。

5.2 算例分析

5.2.1 基于稳定系数时程的动力可靠性分析

将 4.4 节的算例拓展，进行基于稳定系数时程的动力可靠性分析（刘晓等，2020）。鉴于隧道外部较远范围的区域与评估目的无关，在进行可靠性评估时，重点应放在附着在隧道表面的 39 个单元上。因此，应将隧道表面区域作为统计窗口，即设式（4.21）、式（4.22）中的 $M=39$。此外，设式（5.3）中的功能函数阈值 K_T 为 1.01～1.15，得到不同阈值条件下失效概率和可靠度指标的结果，如表 5.1 和图 5.1 所示。值得注意的是，即便在低 K_T（$K_T=1.01$）的情况下，失效概率 P_f 也超过 20%，并且相应的可靠度指标 $\beta_f<0.7$。如表 5.2 所示，参考《公路工程结构可靠性设计统一标准》（JTG 2120—2020）（中华人民共和国交通运输部，2020）可接受的可靠度指标，会发现表 5.1 中计算得出的各项可靠度指标均不能满足规范要求。因此，在上述算例中岩体的可靠性无法达到设计规范要求。

表 5.1　不同阈值 K_T 条件下的失效概率（P_f）和可靠度指标（β_f）

参数	取值					
K_T	1.01	1.02	1.05	1.08	1.10	1.15
P_f	0.242	0.267	0.311	0.497	0.565	0.727
β_f	0.699	0.622	0.494	0.008	−0.164	−0.603

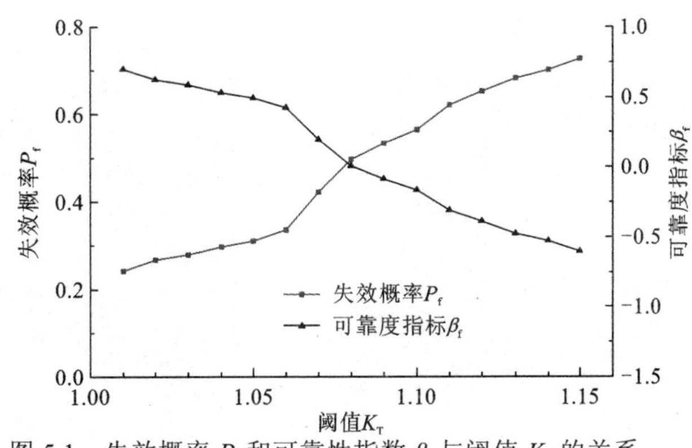

图 5.1　失效概率 P_f 和可靠性指数 β_f 与阈值 K_T 的关系

表 5.2 《公路工程结构可靠性设计统一标准》（JTG 2120—2020）可接受的可靠度指标（β_f）

破坏模式	安全等级		
	一级	二级	三级
延性破坏	4.7	4.2	3.7
脆性破坏	5.2	4.7	4.2

5.2.2 失效概率的空间分布

5.2.1 小节中的两个指标，即失效概率（P_f）和可靠度指标（β_f），旨在反映目标统计窗口中岩体的整体可靠性。具体而言，就是根据式（4.21）和式（4.23）搜索每一个采样时刻的最危险单元，然后从时间尺度上统计出发生破坏的可能性。面对隧道围岩稳定性评估这一问题，上述模式能够简洁地从常规的确定性视角提升到不确定性视角，无疑是一种进步。

但是，这种简洁的方法仍然不能回答在动力冲击下哪些区域更容易受损的问题。从式（4.21）和式（4.23）的搜索模式来看，最危险滑动面的发育位置是随时间动态变化的，表 5.1 和图 5.1 虽然能够回答隧道围岩稳定与否的问题，但却不能指出其易损部位。因此，有必要进行有关失效概率的空间分布的研究。

以每个单元为研究对象，分别根据式（5.3）和式（5.4）评估其失效概率，则可得到每一个单元的失效概率，这些概率值在空间的分布成为一个场，据此得到如图 5.2 所示的失效概率云图。另外，阈值 K_T 的不同会影响评价的结果，图 5.2（a）和（b）展示了在阈值 K_T 分别取 1.01 与 1.05 时的失效概率云图。直观地说，该云图从概率的视角展示了在泥石流冲击荷载作用下隧道围岩不同区域的易损程度，失效概率越大的区域，在动力冲击下越脆弱。阈值取得越高，易损区域就越大，所得的评估结果就越保守。图 5.2（a）和（b）均表明，高易损区域位于隧道表面的左下角和右上角。从形状的相似性来看，上述易损区域与第 4 章的相关图件有很好的吻合性，如图 4.8（b）、图 4.9 和图 4.10（b）。

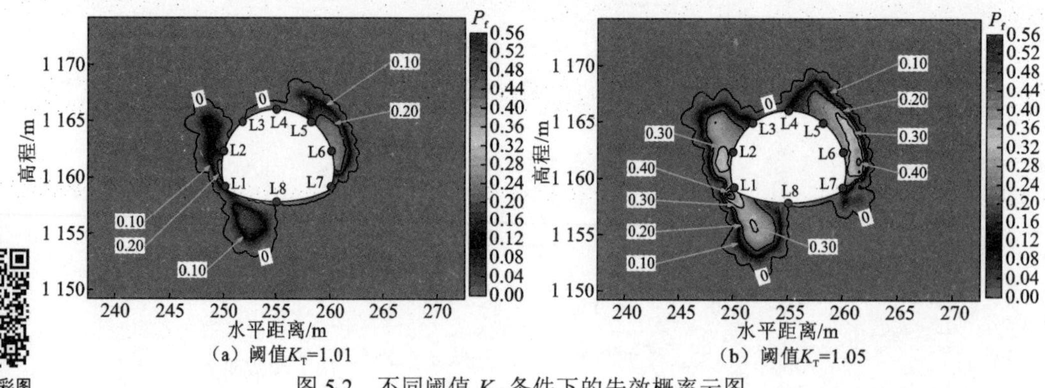

图 5.2 不同阈值 K_T 条件下的失效概率云图

5.2.3　动力可靠性分析结果

同一案例条件下，结合第 4 章稳定性分析和本章可靠性分析的结果可知：瞬时稳定系数在时间上经历了一个从 5.0 s 到 7.3 s 的低谷期，如图 4.11 所示。图 4.10 显示了隧道表面左下角和右上角两个区域更容易达到较低的稳定性，图 5.2 所示的失效概率云图也表明了这两个区域在整个动力过程中的易损性。整体评价表明，围岩失效概率超过 20%，相应的可靠度指标小于 0.7，不满足《公路工程结构可靠性设计统一标准》（JTG 2120—2020）的设计要求。

5.3　动力可靠性分析方法在隧道围岩稳定评价中的优势

5.3.1　传统围岩稳定性评价方法的缺点

对于静力稳定性评价，以往业界采取的方法主要是考察几个预先指定的关键部位的位移是否超过阈值（Ma et al.，2016；Wang et al.，2016；Li et al.，2015；Zhu et al.，2010）。不同类型的岩体对变形的耐受能力不同，也就是说，由于岩体特性（岩石种类、结构面发育特征等）的差异，岩体从开始发生变形到完全破坏所表现出的变形量千差万别，很难提供统一的位移经验阈值来判定岩体是否发生破坏。因此，传统方法存在三个方面的缺陷。首先，基于位移经验阈值的判别准则缺乏严格的力学理论支持，经验性的主观选择会极大地影响评估结果的客观性。其次，设置在所谓关键部位的监测点个数有限，无法在空间范围内提供完备的信息，并且其代表性是否成立也广受争议。最后，位移经验阈值的广泛流行源于其简单、易行，但是学术界很快发现，确定不同类型岩体的经验阈值的取值俨然已成为一个非常棘手的问题。阈值就像是一把尺子，当这把尺子本身的精度存疑，并且校正这把尺子所面临的复杂程度超出了应用这把尺子所带来的便利性时，就要思考这种经典的评估模式是否得不偿失。

对于动力稳定性评价，评估永久位移（或称为残余位移）是评估动力过程后破坏状态的常用方法。这一方法继承了静力稳定性评价的思路，在获得易用性的同时也必然继承了其缺陷，并且除了继承自静力工况的上述三项缺点外，此方法还存在两个额外的缺陷。首先，永久位移呈现的是动力冲击后系统的最终状态，并没有揭示其曾经达到的最大位移。尽管最大瞬时位移并不足以确定最终破坏与否，但从统计角度来看，仍应将其纳入考虑。假设两个单元具有相同的永久位移，但是它们经历的最大位移不同，则它们的损坏程度可能会大不相同。因此，仅将永久位移作为评估标准将丢弃重要的历史信息。其次，由于围岩系统自身的复杂性和外界动力荷载的复杂性，围岩发生最大永久位移的位置不一定与产生最大瞬时位移的位置一致。在这种情况下，预先依靠经验来估计关键部位变得十分困难，因为随着时间的演变，预先分配的固定监测点可能不再具有代表性。

5.3.2 不依赖经验阈值的围岩稳定性评价方法的优势

与以往基于位移阈值的判别方法不同，本书采用的基于稳定系数的判别方法具有两个优点。首先，不再将位移阈值作为判别标准，取而代之的是将稳定系数作为围岩稳定的指示指标，在点稳定系数概念的基础上求解点稳定系数场，继而建立全局稳定系数。这套方法根据弹塑性力学破坏准则（莫尔-库仑屈服准则、最大拉应力准则、德鲁克-布拉格屈服准则）得出，因此具坚实的力学基础，最大限度地减少了经验参数对评估结果的影响。其次，当每个单元在空间上呈现其瞬时稳定系数时，就获得了点稳定系数场，表现为如图 4.10 所示的云图，并且这一云图在整个动力过程中随时间不断变化。不同时刻的云图提供了围岩体各部位稳定性的时空分布基础数据，这有助于人们找到围岩中稳定性变化最敏感的部位。

5.3.3 动力可靠性分析方法的优势

动力可靠性分析方法的优势是建立在以下事实之上的：围岩局部区域的瞬时屈服并不一定意味着最终会破坏，因为其屈服状态可能在随后的动力过程中得到修复而恢复稳定态，也就是说，局部单元的稳定和非稳定状态在动力响应过程中会动态交替变化。基于概率理论的方法可以更好地反映上述特征。本书所定义的失效概率是基于瞬时稳定系数的历史时程得出的，因此它反映了岩土体在冲击持续时间内所表现出的平均性能。

该方法具有两个方面的优势。首先，因为瞬时稳定系数在大数据统计中显示了其重要性，所以可靠性分析提供了基于概率视角的一种解决方案，用于评估目标单元在整个动态响应过程中是否会破坏。为简单起见，可以取目标区域中最危险单元的 1～2 个指标（如失效概率 P_f 和可靠度指标 β_f）来刻画整个待评估区域，显然，这种简化会产生保守的评价结果（导致更大的失效概率）。其次，可以通过收集每个单元上的失效概率 P_f 和（或）可靠度指标 β_f 来实现全空间的指标场的可视化，也就是获得相应指标的云图。如图 5.2 所示，失效概率云图直观地显示了哪些区域更容易受损。

以上分析表明，围岩的点稳定系数是一种围岩的动力响应特征量，具有时空分布特性，而动力可靠性分析方法是从概率的视角对点稳定系数的一种再挖掘，该方法已经具备了从时间和空间两个维度处理系统的动力响应特征的能力。从数据挖掘理论的角度来看，若一种方法在对既有信息的处理上具有更大的深度和更广的维度，则该方法具有更大的数据挖掘潜力。因此，也就不难理解为什么这里提出的可靠性评估方法克服了 5.3.1 小节中列出的传统围岩稳定性评价方法的缺点。

5.4　关于保守评估策略的讨论

一般，对于工程用途的评估而言，出于安全的目的一般选取较为保守的评估策略，也就是将动力工况倾向于设置得偏大、偏剧烈。因此，需要分析对评估结果方向性有显著影响的两个问题。

第一个问题是泥石流深度的选择。值得注意的是，现实世界中的泥石流事件通常呈现出多期次的特性，即发生在多个时期，并且即便在一个期次内也具有多次涌浪的特征。因此，泥石流最终的埋藏深度是由多个周期、多次涌动产生的（Kwan，2012）。图 4.1 的算例展示了一种极端状态，即在极端不利条件下潜在的泥石流掩埋高程达到 1 225 m，与天然边坡的底板相距 60 m，但实际上现实条件下的泥石流极少呈现出一次浪涌达 60 m 的情形。本算例研究基于理想的极端工况，为了确保获得保守的结果，算例中将多期次的过程简化为一次浪涌，这必然导致对冲击力的过高估计，所得到的对隧道围岩稳定性的影响结果也是偏安全的。

第二个问题是泥石流冲击持续时间的选择。现实世界中的泥石流冲击持续时间从数十秒到数千秒不等（Cui et al.，2015；McArdell et al.，2007）。尽管很难预测下一次泥石流的实际冲击持续时间，但根据先前对泥石流活动的观察来预测下一个冲击持续时间仍然是可行的。对于本算例中展示的情况，单个涌浪的持续时间被假定为数十秒，以模拟泥石流爬升至 1 225 m 高程的快速过程。在保持其他参数不变的情况下，选取较短的持续时间意味着更高的运动速度和更剧烈的动态冲击变化，这往往会产生比实际破坏效应更加严重的评估结果。在权衡实际可能性、保守策略和计算效率之后，算例中选择的 20 s 持续时间在数量级上符合客观要求，且偏于保守。

本书中关于算例的研究在于展现一种新的方法。因此，泥石流的模型参数（如掩埋深度和持续冲击时间等）的选择不会影响新模型的适用性。读者可以根据自己的实际情况和判断来选择合适的参数。

5.5　本章小结

本章提出了一种新的动力可靠性分析方法，以评估动力冲击对隧道围岩的影响。

新方法是对第 4 章动力稳定性分析方法的进一步升级。这里定义的失效概率是基于瞬时稳定系数时间历程的，因此，本质上说该指标定义的是一种基于时间尺度的平均效应。此外，本书从空间尺度上为失效概率提供了两个层次的分析。首先，通过求解围岩中每一个单元在时间尺度上的失效概率，获得了失效概率场。失效概率场反映了失效概率的空间分布状况，对识别动力冲击期间围岩失稳的敏感区有重要意义。其次，通过设定统计窗口的方式可以专注于感兴趣的研究区域，排除无关区域的干扰，所得到的目标区域的整体失效概率反映了岩体的整体稳定性，这比常规的稳定性分析方法更为合理。

第6章

基于FLAC3D的动力分析程序设计

6.1 软件整体设计框架

本章以支持动力分析的FLAC3D软件为例，详细阐述泥石流冲击荷载下隧道围岩的稳定性及可靠性分析的技术实现细节。总体的思路是，采用FLAC3D开展动力稳定分析，编写FISH语言程序，按一定的时间间隔提取应力场，开展联合强度理论下的点稳定系数场研究，并在此基础上实现可靠性分析。

本章总体上分为四个部分。第一部分，在动力模拟的初始化过程中，编写相关的用户自定义函数，使其随系统的加载过程全局有效，便于后续随时调用。第二部分，按照FLAC3D的动力分析流程，设置阻尼、边界条件、动力输入模式等细节，开展动力过程的模拟。第三部分，提出伴随变量的设计思想和实现方式。通过伴随变量的方式将所关心的各个单元的稳定系数随时间的变化轨迹记录下来，形成随时间变化的场数据。第四部分，数据后处理，提取动力计算的成果。动力计算完成后，海量的节点数据、单元数据蕴含在多个结果文件中，数据后处理是对所保存的计算数据进行读取处理，得到所关心的一系列物理量，特别是所关心的瞬时稳定场随时间的变迁情况，最终实现动力稳定性和可靠性评估。

6.2 初始化及用户自定义函数

这部分的主要任务是导入计算模型网格文件，初始化相关的环境变量，包括坐标轴系统的配置、环境变量的设置，以及开发后续计算中需要调用的函数等。

6.2.1 初始化

首先根据FLAC3D的要求，配置计算所需要的力学环境，然后导入计算网格文件，选取适用的岩土本构模型及屈服准则，对不同的岩组赋予不同的物理力学指标，计算隧道开挖前的自重应力稳定态及开挖后的稳定态，程序如下。

```
;文件名：ImpactMode4_tunnel_4-1_Stable_SingleTunnel.txt
;输入网格 debris_tunnel_middlesize6group.Flac3D
;输出文件 initial_stab_zero_disp.sav     ;开挖后初始稳定态
;功能：初始化

new
config dynamic          ;设置动力计算模式
set dyn off             ;关闭动力计算模式
config fluid            ;设置渗流模式
set fluid off           ;关闭渗流模式
```

```
set small                         ;设置小变形，set small/large

;建立实际材料分组部分
;导入隧道网格数据
impgrid debris_tunnel_middlesize6group.Flac3D

;旋转坐标轴函数@rotation,将网格文件中的 X-Y 坐标系调整为 X-Z 坐标系
def rotation
    local w_tempx
    local w_tempy
    local w_tempz
   p_gp=gp_head
   loop while p_gp # null
       w_tempx=gp_xpos(p_gp)
       w_tempy=gp_ypos(p_gp)
       w_tempz=gp_zpos(p_gp)
       gp_xpos(p_gp)=w_tempx
       gp_ypos(p_gp)=-w_tempz
       gp_zpos(p_gp)=w_tempy
       p_gp=gp_next(p_gp)
   endloop rotation
end
@rotation
;plot zone

;全局变量函数@vary_global
def vary_global
    global xcor
    global ycor
    global zcor

    global xcor1
    global ycor1
    global zcor1

    global xcor2
    global ycor2
    global zcor2

    global xdis
    global ydis
    global zdis

    global xvelo
    global yvelo
    global zvelo

    global xacc
```

```
    global yacc
    global zacc

    global sxx
    global sxy
    global sxz
    global syy
    global syz
    global szz

    global strain_x
    global strain_y
    global strain_z

end
@vary_global

;consider 3 layer of property 材料分 1 组
set grav 0 0 -9.81 ;设置重力加速方向为 Z 轴负向
water den 1000

;施加边界约束条件
;X:180~340 Y:0~-1.0 Z:1130~1246                    ;重力方向为 Z 轴负向
;fix x range x=179.90 180.10                       ;左侧
;fix x range x=339.90 340.10                       ;右侧
;fix y                                             ;前后
;fix x,z range z=1129.90 1130.10                   ;固定底部

range name bottom z=1129.90 1130.10
range name boundary_left    x=179.90 180.10
range name boundary_right x=339.90 340.10

fix x,z range bottom                               ;固定底部
fix x range boundary_left                          ;固定左侧
fix x range boundary_right                         ;固定右侧
fix y

;range name surface1 group 2      ;设置上表面 surface1
;union 的作用域是全局，将 1000~1225m 高程的区域选中，设为 surface_un_z1225
;range name surface_un_z1225 union z=(1130,1225)
range name surface_un_z1225 group 2 z=(1130,1225)
;plot zone range surface_un_z1225

;union 的作用域是全局，将 1000~1200m 高程的区域选中，设为 surface_un_z1200
;range name surface_un_z1200 union z=(1130,1200)
range name surface_un_z1200 group 2 z=(1130,1200)
;plot zone range surface_un_z1200
```

```
;union 的作用域是全局，将 1000~1175m 高程的区域选中，设为 surface_un_z1175
;range name surface_un_z1175 union z=(1130,1175)
range name surface_un_z1175 group 2 z=(1000,1175)
;plot zone range surface_un_z1175

;===================================自重应力场计算天然工况===================================
;solve fo 1e3
;位移和速度归零
ini xdisp 0
ini ydisp 0
ini zdisp 0
ini xvel 0
ini yvel 0
ini zvel 0
;save step2_自重应力场.sav
;restore step2_自重应力场.sav

;======================================物质参数预定义======================================
model mohr  ;莫尔-库仑屈服准则
def burcal2
    bkk2=bme2/(3*(1-2*bsb2))                ;bkk2 为体积模量
    bk22=bme2/(2*(1+bsb2))                  ;bk22 为剪切模量
    den02=den02                             ;密度
    fri02=fri02                             ;内摩擦角
    dil02=dil02                             ;剪胀角
    ten02=ten02                             ;抗拉强度
    coh02=coh02                             ;黏聚力
end
;@burcal2
;每调用一次此函数，计算一次体积模量和剪切模量
;============enddef burcal2

;1 赋材料;1#（基岩）
set @bme2=1.5e9                             ;杨氏模量
set @bsb2=0.30                              ;泊松比
set @coh02=0.8e6                            ;黏聚力
set @fri02=38.0                             ;内摩擦角
set @dil02=38.0                             ;剪胀角
set @ten02=0.78e6                           ;抗拉强度
set @den02=2.5484e3                         ;密度
@burcal2
prop dens @den02,bulk @bkk2,shear @bk22,cohesion @coh02,dilation @dil02,friction @fri02,tension @ten02,range group 1

;2 赋材料;2#（凌空面基岩）
set @bme2=1.5e9                             ;杨氏模量，石英砂岩为 5.3e4~5.8e4 MPa
set @bsb2=0.30                              ;泊松比，石英砂岩为 0.12~0.14
set @coh02=0.8e6                            ;黏聚力，石英砂岩为 20~60MPa
set @fri02=38.0                             ;内摩擦角
```

```
set @dil02=38.0                          ;剪胀角
set @ten02=0.78e6                        ;抗拉强度，岩石的抗拉强度为 10~30MPa
set @den02=2.5484e3                      ;密度
@burcal2
prop dens @den02,bulk @bkk2,shear @bk22,cohesion @coh02,dilation @dil02,friction @fri02,tension @ten02,range group 2

;3 赋材料;3#（左隧道基岩）
set @bme2=1.5e9                          ;杨氏模量，石英砂岩为 5.3e4~5.8e4 MPa
set @bsb2=0.30                           ;泊松比，石英砂岩为 0.12~0.14
set @coh02=0.8e6                         ;黏聚力，石英砂岩为 20~60MPa
set @fri02=38.0                          ;内摩擦角
set @dil02=38.0                          ;剪胀角
set @ten02=0.78e6                        ;抗拉强度，岩石的抗拉强度为 10~30MPa
set @den02=2.5484e3                      ;密度
@burcal2
prop dens @den02,bulk @bkk2,shear @bk22,cohesion @coh02,dilation @dil02,friction @fri02,tension @ten02,range group 3

;4 赋材料; 4#（右隧道基岩）
set @bme2=1.5e9                          ;杨氏模量，石英砂岩为 5.3e4~5.8e4 MPa
set @bsb2=0.30                           ;泊松比，石英砂岩为 0.12~0.14
set @coh02=0.8e6                         ;黏聚力，石英砂岩为 20~60MPa
set @fri02=38.0                          ;内摩擦角
set @dil02=38.0                          ;剪胀角
set @ten02=0.78e6                        ;抗拉强度，岩石的抗拉强度为 10~30MPa
set @den02=2.5484e3                      ;密度
@burcal2
prop dens @den02,bulk @bkk2,shear @bk22,cohesion @coh02,dilation @dil02,friction @fri02,tension @ten02,range group 4

;5 赋材料;5#（左隧道内壁基岩）
set @bme2=1.5e9                          ;杨氏模量，石英砂岩为 5.3e4~5.8e4 MPa
set @bsb2=0.30                           ;泊松比，石英砂岩为 0.12~0.14
set @coh02=0.8e6                         ;黏聚力，石英砂岩为 20~60MPa
set @fri02=38.0                          ;内摩擦角
set @dil02=38.0                          ;剪胀角
set @ten02=0.78e6                        ;抗拉强度，岩石的抗拉强度为 10~30MPa
set @den02=2.5484e3                      ;密度
@burcal2
prop dens @den02,bulk @bkk2,shear @bk22,cohesion @coh02,dilation @dil02,friction @fri02,tension @ten02,range group 5

;6 赋材料;6#（右隧道内壁基岩）
set @bme2=1.5e9                          ;杨氏模量，石英砂岩为 5.3e4~5.8e4 MPa
set @bsb2=0.30                           ;泊松比，石英砂岩为 0.12~0.14
set @coh02=0.8e6                         ;黏聚力，石英砂岩为 20~60MPa
set @fri02=38.0                          ;内摩擦角
set @dil02=38.0                          ;剪胀角
set @ten02=0.78e6                        ;抗拉强度，岩石的抗拉强度为 10~30MPa
set @den02=2.5484e3                      ;密度
@burcal2
```

```
prop dens @den02,bulk @bkk2,shear @bk22,cohesion @coh02,dilation @dil02,friction @fri02,tension @ten02,range group 6
                                                        ;绘图显示（关闭可加快运算速度）
plot reset
plot set ddir 180
plot set dip 90
plot con zdis
plot reset

;位移和速度归零
ini xdisp 0
ini ydisp 0
ini zdisp 0
ini xvel 0
ini yvel 0
ini zvel 0

solve
save nature_stab.sav                           ;开挖前天然应力场

res nature_stab.sav
;开挖左隧道(group 3)和右隧道(group 4)
;model null range group 3 y 0 0.5              ;group 3 为左隧道部分
;model null range group 4 y 0 0.5              ;group 4 为右隧道部分

;model null range group 3                      ;开挖左隧道
;model null range group 4                      ;开挖右隧道

solve                                          ;开挖后初始稳定态
save initial_stab_pre_zeo_rdisp.sav            ;开挖后初始应力场,保留位移

;位移归零
ini xdisp 0
ini ydisp 0
ini zdisp 0
;ini xvel 0
;ini yvel 0
;ini zvel 0
save initial_stab_zero_disp.sav                ;开挖后初始稳定态
```

6.2.2　用户自定义函数

虽然 FLAC3D 提供了丰富的函数，能够满足一般分析的需求。但由于用户分析问题的侧重不同，为了后续分析的方便，一般需要补充一些自定义函数。这部分的程序片段可以直接添加在 6.2.1 小节的初始化程序中，以作为全局自定义函数实现加载，方便后续随时调用。

1. 提取位移及距离

函数 get_dis 用于输入预先指定的坐标(x,y,z)，定位到离该坐标位置最近的节点，然后提取节点三个方向的位移。函数 get_distance 用于输入预先指定的两个坐标点，定位到离该坐标位置最近的两个对应节点，然后提取位移后两个节点分别在 X、Y、Z 三个方向的距离。同理，函数 get_reldisp 用于提取两个节点分别在 X、Y、Z 三个方向的相对位移。函数代码如下。

```
;提取位移函数@get_dis
def get_dis(x,y,z)
    local zoneid
    local gpid
  local gppnt=gp_head
  local zonepnt=zone_head

    zoneid=z_id(z_near(x,y,z))
    gpid=gp_id(gp_near(x,y,z))

  gppnt=find_gp(gpid)
  zonepnt=find_zone(zoneid)

  ;提取位移
    xdis=gp_xdisp(gppnt)
    ydis=gp_ydisp(gppnt)
    zdis=gp_zdisp(gppnt)
end

;提取两点的距离函数@get_distance
def get_distance(x1,y1,z1,x2,y2,z2)              ;两点的当前距离
  local gppnt1=gp_near(x1,y1,z1)
  local gppnt2=gp_near(x2,y2,z2)

  ;两点的各自位移之差
  local x_disp=gp_xdisp(gppnt2)- gp_xdisp(gppnt1)
  local y_disp=gp_ydisp(gppnt2)- gp_ydisp(gppnt1)
  local z_disp=gp_zdisp(gppnt2)- gp_zdisp(gppnt1)

  ;两点的初始坐标之差
  local lenx=gp_xpos(gppnt2)- gp_xpos(gppnt1)
  local leny=gp_ypos(gppnt2)- gp_ypos(gppnt1)
  local lenz=gp_zpos(gppnt2)- gp_zpos(gppnt1)

  ;两点的总位移
  global totaldisp_x=x_disp + lenx
  global totaldisp_y=y_disp + leny
  global totaldisp_z=z_disp + lenz
```

```
   get_distance=totaldisp_x
end

;提取两点的相对位移函数@get_reldisp
def get_reldisp(x1,y1,z1,x2,y2,z2)              ;两点的相对位移
   local gppnt1=gp_near(x1,y1,z1)
   local gppnt2=gp_near(x2,y2,z2)

   ;两点的各自位移之差
   global reldisp_x=gp_xdisp(gppnt2)- gp_xdisp(gppnt1)
   global reldisp_y=gp_ydisp(gppnt2)- gp_ydisp(gppnt1)
   global reldisp_z=gp_zdisp(gppnt2)- gp_zdisp(gppnt1)

   get_reldisp=reldisp_x
end
```

2. 提取速度

函数 get_velo 用于输入预先指定的坐标(*x*,*y*,*z*)，定位到离该坐标位置最近的节点，然后提取节点 *X*、*Y*、*Z* 三个方向的速度分量。函数代码如下。

```
;提取速度函数@get_velo
def get_velo(x,y,z)
      local zoneid
      local gpid
   local gppnt=gp_head
   local zonepnt=zone_head

      zoneid=z_id(z_near(x,y,z))
      gpid=gp_id(gp_near(x,y,z))

   gppnt=find_gp(gpid)
   zonepnt=find_zone(zoneid)
   ;提取速度分量
   xvelo=xcomp(gp_vel(gppnt))
   yvelo=ycomp(gp_vel(gppnt))
   zvelo=zcomp(gp_vel(gppnt))
end
```

3. 提取加速度

函数 get_acc 用于输入预先指定的坐标(*x*,*y*,*z*)，定位到离该坐标位置最近的节点，然后提取节点 *X*、*Y*、*Z* 三个方向的加速度分量。函数代码如下。

```
;提取加速度函数@get_acc
def get_acc(x,y,z)
      local zoneid
      local gpid
   local gppnt=gp_head
   local zonepnt=zone_head
```

```
    zoneid=z_id(z_near(x,y,z))
    gpid=gp_id(gp_near(x,y,z))

  gppnt=find_gp(gpid)
  zonepnt=find_zone(zoneid)

  ;提取加速度分量
  xacc=xcomp(gp_vel(gppnt))
  yacc=ycomp(gp_vel(gppnt))
  zacc=zcomp(gp_vel(gppnt))
  end
```

4. 提取应力

函数 get_stress 用于输入预先指定的坐标(x,y,z)，定位到离该坐标位置最近的节点，然后提取节点的六个应力分量(σ_{xx}、σ_{yy}、σ_{zz}、σ_{xy}、σ_{xz}、σ_{yz})，两个下标相同时表示正应力，不同时表示剪应力，命名及力的正方向规定遵循弹性力学规则。函数代码如下。

```
;提取应力函数@get_stress
def get_stress(x,y,z)
    local zoneid
    local gpid
  local gppnt=gp_head
  local zonepnt=zone_head

    zoneid=z_id(z_near(x,y,z))
    gpid=gp_id(gp_near(x,y,z))

  gppnt=find_gp(gpid)
  zonepnt=find_zone(zoneid)

  ;提取六个应力分量
    sxx=z_sxx(zonepnt)
    sxy=z_sxy(zonepnt)
    sxz=z_sxz(zonepnt)
    syy=z_syy(zonepnt)
    syz=z_syz(zonepnt)
    szz=z_szz(zonepnt)
end
```

5. 提取应变

函数 get_strain_x 用于输入预先指定的两个点的坐标，定位到离该坐标位置最近的节点，然后提取这两个节点发生变形后的线应变在 X、Y、Z 三个方向的分量。函数代码如下。

```
;提取两点的应变函数@get_strain_x
```

```
def get_strain_x(x1,y1,z1,x2,y2,z2)
   local gppnt1=gp_near(x1,y1,z1)
   local gppnt2=gp_near(x2,y2,z2)

;计算两点的相对位移
   local x_disp=gp_xdisp(gppnt2)- gp_xdisp(gppnt1)
   local y_disp=gp_ydisp(gppnt2)- gp_ydisp(gppnt1)
   local z_disp=gp_zdisp(gppnt2)- gp_zdisp(gppnt1)

;计算两点的距离
   local lenx=gp_xpos(gppnt2)- gp_xpos(gppnt1)
   local leny=gp_ypos(gppnt2)- gp_ypos(gppnt1)
   local lenz=gp_zpos(gppnt2)- gp_zpos(gppnt1)
   local len_orig=sqrt(lenx*lenx+leny*leny+lenz*lenz)

;计算两点的线应变
   global strain_x=x_disp/len_orig
   global strain_y=y_disp/len_orig
   global strain_z=z_disp/len_orig

   get_strain_x=strain_x
end
```

6.3 动力计算

6.3.1 阻尼设置

一般阻尼模式可以选用瑞利阻尼和局部阻尼，均被 FLAC3D 支持，相关代码如下。

```
new
;设置临界阻尼比,如 0.5%,10Hz
;set dyn damp rayleigh 0.005 10

;2.85714Hz 动荷载,瑞利阻尼,5%临界阻尼比,2.85714Hz 中心频率(自震)
   res initial_stab_zero_disp.sav
   set dyn=on
   set dyn damp local 0.1571                 ;5%临界阻尼比,岩土取 2%~5%,结构取 2%~10%
   ;set dyn damp rayleigh 0.05 2.85714       ;瑞利阻尼,5%临界阻尼比,2.85714Hz 中心频率（自震）
   ;set dyn damp local 0.3142                ;10%临界阻尼比
   ;set dyn damp local 0.06284               ;2%临界阻尼比
   his nstep 48                              ;局部阻尼时,1.042e-4 动态时间步,则 0.005s 采集约需 48 步
   ;his nstep 156986                         ;瑞利阻尼、10Hz 时,3.185e-8 动态时间步,则 0.005s 采集约需 156986 步
   ;his nstep 156986                         ;瑞利阻尼、2.85714Hz 时,9.101e-9 动态时间步,则 0.005s 采集约需 549390 步
   def setup_freq_filename
      global freq=2.85714                    ;2.85714Hz 场地卓越频率
      global file_name_head='ImpactMode4_SoftRock_LD5%_EqHis_'
```

```
  end
  @setup_freq_filename
  call ImpactMode4_tunnel_4-3_Freq.txt
```

6.3.2 动力加载及边界设置

关于动力的加载，FLAC3D 支持多种方式，既可以将边界上质点振动的加速度、速度输入，又可以以边界上应力边界的模式输入。根据 4.4 节算例的实际情况，这里采用后者，即以力的模式为动力加载方式，相关代码如下。

```
res initial_stab_zero_disp.sav
ini xdisp=0 ydisp=0 zdisp=0
;读取加速度数值,单位为重力加速度
table 7 read Debris_Press_Mode4_Grand_0.33sigma_10Hz.txt

;求解压缩波速 Cp
def GetCp
  ;bkk2
  ;bk22
  ;den02
  VeloCp=sqrt((bkk2+4.0*bk22/3.0)/den02)
  multi_z=-2.0*den02*VeloCp/100.0
end
@GetCp

;求解剪切波速 Cs
def GetCs
  ;bkk2
  ;bk22
  ;den02
  VeloCs=sqrt(bk22/den02)
  multi_x=-2.0*den02*VeloCs/100.0
end
@GetCs

;-----------------------------上表面为柔性边界——通过应力从边坡上表面施加动荷载----------------------------------
free x y z range group 2
apply nquiet dquiet squiet range group 2     ;对整个上表面加静态边界条件

;采用 table 加载,可选
apply nstress -2.5870775e7 hist table 7    gradient 0,0,21119 range surface_ un_z1225
;采用函数@acc_p 加载,可选
;apply nstress -2.5870775e7 hist @acc_p    gradient 0,0,21119 range surface_un_z1225

;施加自由场边界
apply ff
fix y         ;锁定一切 Y 向的变量,即加速度、速度、位移
```

```
;----------------------------上表面为柔性边界——通过应力从边坡上表面施加动荷载-----------------------------

;施加自由场边界后,生成了自由场单元,反向挑选出原单元,调整编号
;边界范围
;X:180~340 Y:0~1.0 Z:1130~1246;重力方向为 Z 轴负向
group ff_uper range group 2                    ;新 group 2 混合了生成的单元,全部定义为 ff_uper
group 2 range group ff_uper x=(180,340) y=(0,1.0) z=(1130,1246)   ;将 ff_uper 中的原部分定义回 group 2

group ff_rock range group 1                    ;新 group 1 混合了生成的单元，全部定义为 ff_rock
group 1 range group ff_rock x=(180,340) y=(0,1.0) z=(1130,1246)   ;将 ff_rock 中的原部分定义回 group 1

group ff_tunnel_left range group 3             ;新 group 3 混合了生成的单元，全部定义为 ff_tunnel_left
group 3 range group ff_tunnel_left x=(180,340) y=(0,1.0) z=(1130,1246)   ;将 ff_tunnel_ left 中的原部分定义回 group 3

group ff_tunnel_right range group 4            ;新 group 4 混合了生成的单元，全部定义为 ff_tunnel_right
group 4 range group ff_tunnel_right x=(180,340) y=(0,1.0) z=(1130,1246)   ;将 ff_tunnel_ right 中的原部分定义回 group 4

group ff_tu_face_left range group 5            ;新 group 5(左隧道内壁)混合了生成的单元,全部定义为 ff_tu_face_left
group 5 range group ff_tu_face_left x=(180,340) y=(0,1.0) z=(1130,1246)

group ff_tu_face_right range group 6           ;新 group 6(右隧道内壁)混合了生成的单元，全部定义为 ff_tu_face_right
group 6 range group ff_tu_face_right x=(180,340) y=(0,1.0) z=(1130,1246)
```

6.3.3 监测点设置

在数值计算中，可以设置为数众多的监测点，监测在整个计算历程中包括加速度、速度、位移、应力、应变在内的诸多物理量随时间的变化，而这样的监测规模在现实中由于资源的限制，一般不容易达到，这也体现了数值计算的优势所在。下面的代码展示了有关监测的实现过程。值得注意的是，监测时步如果选取得过大，容易造成动力运算过慢、数据文件过大的问题；如果选取得过小，不一定满足分析所需要的精度。本算例中的监测时步在 6.3.1 小节已进行设置，约为 0.005 s。

```
;------------历史记录设置------------
his add id=1 unbal                        ;不平衡力
his add id=2 dytime                       ;动力时间
;his nstep 1245                           ;局部阻尼,4.017e-6 动态时间步,则 1s 要采集 200 次,大约 1245 步
;------------------------------网络节点------------------------------
;左侧隧道 X 向位移
his add id=101   gp xdisp 250.33,0,1159.33    ;(250.33,0,1159.33)为左侧隧道左边下  GP 263
his add id=102   gp xdisp 250.23,0,1162.53    ;(250.23,0,1162.53)为左侧隧道左边中  GP 266
his add id=103   gp xdisp 251.72,0,1164.93    ;(251.72,0,1164.93)为左侧隧道左边顶拱  GP 270
his add id=104   gp xdisp 255.13,0,1166.33    ;(255.13,0,1166.33)为左侧隧道顶拱正中  GP 274
his add id=105   gp xdisp 259.37,0,1164.43    ;(259.37,0,1164.43)为左侧隧道右边顶拱上  GP 280
his add id=106   gp xdisp 260.27,0,1162.83    ;(260.27,0,1162.83)为左侧隧道右边中  GP 283
his add id=107   gp xdisp 260.07,0,1159.14    ;(260.07,0,1159.14)为左侧隧道右边下  GP 250
his add id=108   gp xdisp 255.50,0,1158.03    ;(255.50,0,1158.03)为左侧隧道底板中  GP 256
```

```
;左侧隧道 Z 向位移
his add id=111   gp zdisp 250.33,0,1159.33        ;(250.33,0,1159.33)为左侧隧道左边下  GP 263
his add id=112   gp zdisp 250.23,0,1162.53        ;(250.23,0,1162.53)为左侧隧道左边中  GP 266
his add id=113   gp zdisp 251.72,0,1164.93        ;(251.72,0,1164.93)为左侧隧道左边顶拱  GP 270
his add id=114   gp zdisp 255.13,0,1166.33        ;(255.13,0,1166.33)为左侧隧道顶拱正中  GP 274
his add id=115   gp zdisp 259.37,0,1164.43        ;(259.37,0,1164.43)为左侧隧道右边顶拱上  GP 280
his add id=116   gp zdisp 260.27,0,1162.83        ;(260.27,0,1162.83)为左侧隧道右边中  GP 283
his add id=117   gp zdisp 260.07,0,1159.14        ;(260.07,0,1159.14)为左侧隧道右边下  GP 250
his add id=118   gp zdisp 255.50,0,1158.03        ;(255.50,0,1158.03)为左侧隧道底板中  GP 256

;左侧隧道 X 向速度
his add id=121   gp xvel 250.33,0,1159.33         ;(250.33,0,1159.33)为左侧隧道左边下  GP 263
his add id=122   gp xvel 250.23,0,1162.53         ;(250.23,0,1162.53)为左侧隧道左边中  GP 266
his add id=123   gp xvel 251.72,0,1164.93         ;(251.72,0,1164.93)为左侧隧道左边顶拱  GP 270
his add id=124   gp xvel 255.13,0,1166.33         ;(255.13,0,1166.33)为左侧隧道顶拱正中  GP 274
his add id=125   gp xvel 259.37,0,1164.43         ;(259.37,0,1164.43)为左侧隧道右边顶拱上  GP 280
his add id=126   gp xvel 260.27,0,1162.83         ;(260.27,0,1162.83)为左侧隧道右边中  GP 283
his add id=127   gp xvel 260.07,0,1159.14         ;(260.07,0,1159.14)为左侧隧道右边下  GP 250
his add id=128   gp xvel 255.50,0,1158.03         ;(255.50,0,1158.03)为左侧隧道底板中  GP 256

;左侧隧道 Z 向速度
his add id=131   gp zvel 250.33,0,1159.33         ;(250.33,0,1159.33)为左侧隧道左边下  GP 263
his add id=132   gp zvel 250.23,0,1162.53         ;(250.23,0,1162.53)为左侧隧道左边中  GP 266
his add id=133   gp zvel 251.72,0,1164.93         ;(251.72,0,1164.93)为左侧隧道左边顶拱  GP 270
his add id=134   gp zvel 255.13,0,1166.33         ;(255.13,0,1166.33)为左侧隧道顶拱正中  GP 274
his add id=135   gp zvel 259.37,0,1164.43         ;(259.37,0,1164.43)为左侧隧道右边顶拱上  GP 280
his add id=136   gp zvel 260.27,0,1162.83         ;(260.27,0,1162.83)为左侧隧道右边中  GP 283
his add id=137   gp zvel 260.07,0,1159.14         ;(260.07,0,1159.14)为左侧隧道右边下  GP 250
his add id=138   gp zvel 255.50,0,1158.03         ;(255.50,0,1158.03)为左侧隧道底板中  GP 256

;左侧隧道 X 向加速度
his add id=141   gp xacc 250.33,0,1159.33         ;(250.33,0,1159.33)为左侧隧道左边下  GP 263
his add id=142   gp xacc 250.23,0,1162.53         ;(250.23,0,1162.53)为左侧隧道左边中  GP 266
his add id=143   gp xacc 251.72,0,1164.93         ;(251.72,0,1164.93)为左侧隧道左边顶拱  GP 270
his add id=144   gp xacc 255.13,0,1166.33         ;(255.13,0,1166.33)为左侧隧道顶拱正中  GP 274
his add id=145   gp xacc 259.37,0,1164.43         ;(259.37,0,1164.43)为左侧隧道右边顶拱上  GP 280
his add id=146   gp xacc 260.27,0,1162.83         ;(260.27,0,1162.83)为左侧隧道右边中  GP 283
his add id=147   gp xacc 260.07,0,1159.14         ;(260.07,0,1159.14)为左侧隧道右边下  GP 250
his add id=148   gp xacc 255.50,0,1158.03         ;(255.50,0,1158.03)为左侧隧道底板中  GP 256

;左侧隧道 Z 向加速度
his add id=151   gp zacc 250.33,0,1159.33         ;(250.33,0,1159.33)为左侧隧道左边下  GP 263
his add id=152   gp zacc 250.23,0,1162.53         ;(250.23,0,1162.53)为左侧隧道左边中  GP 266
his add id=153   gp zacc 251.72,0,1164.93         ;(251.72,0,1164.93)为左侧隧道左边顶拱  GP 270
his add id=154   gp zacc 255.13,0,1166.33         ;(255.13,0,1166.33)为左侧隧道顶拱正中  GP 274
his add id=155   gp zacc 259.37,0,1164.43         ;(259.37,0,1164.43)为左侧隧道右边顶拱上  GP 280
his add id=156   gp zacc 260.27,0,1162.83         ;(260.27,0,1162.83)为左侧隧道右边中  GP 283
his add id=157   gp zacc 260.07,0,1159.14         ;(260.07,0,1159.14)为左侧隧道右边下  GP 250
```

```
his add id=158    gp zacc 255.50,0,1158.03          ;(255.50,0,1158.03)为左侧隧道底板中 GP 256

;--------------------------------单元---------------------------------
;左侧隧道正应力 sxx
his add id=161    zone sxx 250.241,0.5,1159.01      ;(250.241,0.5,1159.01)为左侧隧道左边下 ZONE 3666
his add id=162    zone sxx 249.671,0.5,1162.30      ;(249.671,0.5,1162.30)为左侧隧道左边中 ZONE 3631
his add id=163    zone sxx 251.390,0.5,1165.28      ;(251.390,0.5,1165.28)为左侧隧道左边顶拱 ZONE 3635
his add id=164    zone sxx 255.314,0.5,1166.78      ;(255.314,0.5,1166.78)为左侧隧道顶拱正中 ZONE 3640
his add id=165    zone sxx 259.150,0.5,1165.25      ;(259.150,0.5,1165.25)为左侧隧道右边顶拱上 ZONE 3645
his add id=166    zone sxx 260.806,0.5,1162.34      ;(260.806,0.5,1162.34)为左侧隧道右边中 ZONE 3649
his add id=167    zone sxx 260.338,0.5,1159.06      ;(260.338,0.5,1159.06)为左侧隧道右边下 ZONE 3653
his add id=168    zone sxx 255.739,0.5,1157.53      ;(255.739,0.5,1157.53)为左侧隧道底板中 ZONE 3659

;左侧隧道剪应力 sxz
his add id=171    zone sxz 250.241,0.5,1159.01      ;(250.241,0.5,1159.01)为左侧隧道左边下 ZONE 3666
his add id=172    zone sxz 249.671,0.5,1162.30      ;(249.671,0.5,1162.30)为左侧隧道左边中 ZONE 3631
his add id=173    zone sxz 251.390,0.5,1165.28      ;(251.390,0.5,1165.28)为左侧隧道左边顶拱 ZONE 3635
his add id=174    zone sxz 255.314,0.5,1166.78      ;(255.314,0.5,1166.78)为左侧隧道顶拱正中 ZONE 3640
his add id=175    zone sxz 259.150,0.5,1165.25      ;(259.150,0.5,1165.25)为左侧隧道右边顶拱上 ZONE 3645
his add id=176    zone sxz 260.806,0.5,1162.34      ;(260.806,0.5,1162.34)为左侧隧道右边中 ZONE 3649
his add id=177    zone sxz 260.338,0.5,1159.06      ;(260.338,0.5,1159.06)为左侧隧道右边下 ZONE 3653
his add id=178    zone sxz 255.739,0.5,1157.53      ;(255.739,0.5,1157.53)为左侧隧道底板中 ZONE 3659

;左侧隧道正应力 szz
his add id=181    zone szz 250.241,0.5,1159.01      ;(250.241,0.5,1159.01)为左侧隧道左边下 ZONE 3666
his add id=182    zone szz 249.671,0.5,1162.30      ;(249.671,0.5,1162.30)为左侧隧道左边中 ZONE 3631
his add id=183    zone szz 251.390,0.5,1165.28      ;(251.390,0.5,1165.28)为左侧隧道左边顶拱 ZONE 3635
his add id=184    zone szz 255.314,0.5,1166.78      ;(255.314,0.5,1166.78)为左侧隧道顶拱正中 ZONE 3640
his add id=185    zone szz 259.150,0.5,1165.25      ;(259.150,0.5,1165.25)为左侧隧道右边顶拱上 ZONE 3645
his add id=186    zone szz 260.806,0.5,1162.34      ;(260.806,0.5,1162.34)为左侧隧道右边中 ZONE 3649
his add id=187    zone szz 260.338,0.5,1159.06      ;(260.338,0.5,1159.06)为左侧隧道右边下 ZONE 3653
his add id=188    zone szz 255.739,0.5,1157.53      ;(255.739,0.5,1157.53)为左侧隧道底板中 ZONE 3659

;左侧隧道最大主应力
his add id=1301    zone smax 250.241,0.5,1159.01    ;(250.241,0.5,1159.01)为左侧隧道左边下 ZONE 3666
his add id=1302    zone smax 249.671,0.5,1162.30    ;(249.671,0.5,1162.30)为左侧隧道左边中 ZONE 3631
his add id=1303    zone smax 251.390,0.5,1165.28    ;(251.390,0.5,1165.28)为左侧隧道左边顶拱 ZONE 3635
his add id=1304    zone smax 255.314,0.5,1166.78    ;(255.314,0.5,1166.78)为左侧隧道顶拱正中 ZONE 3640
his add id=1305    zone smax 259.150,0.5,1165.25    ;(259.150,0.5,1165.25)为左侧隧道右边顶拱上 ZONE 3645
his add id=1306    zone smax 260.806,0.5,1162.34    ;(260.806,0.5,1162.34)为左侧隧道右边中 ZONE 3649
his add id=1307    zone smax 260.338,0.5,1159.06    ;(260.338,0.5,1159.06)为左侧隧道右边下 ZONE 3653
his add id=1308    zone smax 255.739,0.5,1157.53    ;(255.739,0.5,1157.53)为左侧隧道底板中 ZONE 3659

;左侧隧道中间主应力
his add id=1311    zone smid 250.241,0.5,1159.01    ;(250.241,0.5,1159.01)为左侧隧道左边下 ZONE 3666
his add id=1312    zone smid 249.671,0.5,1162.30    ;(249.671,0.5,1162.30)为左侧隧道左边中 ZONE 3631
his add id=1313    zone smid 251.390,0.5,1165.28    ;(251.390,0.5,1165.28)为左侧隧道左边顶拱 ZONE 3635
his add id=1314    zone smid 255.314,0.5,1166.78    ;(255.314,0.5,1166.78)为左侧隧道顶拱正中 ZONE 3640
his add id=1315    zone smid 259.150,0.5,1165.25    ;(259.150,0.5,1165.25)为左侧隧道右边顶拱上 ZONE 3645
```

```
his add id=1316   zone smid 260.806,0.5,1162.34   ;(260.806,0.5,1162.34)为左侧隧道右边中 ZONE 3649
his add id=1317   zone smid 260.338,0.5,1159.06   ;(260.338,0.5,1159.06)为左侧隧道右边下 ZONE 3653
his add id=1318   zone smid 255.739,0.5,1157.53   ;(255.739,0.5,1157.53)为左侧隧道底板中 ZONE 3659

;左侧隧道最小主应力
his add id=1321   zone smin 250.241,0.5,1159.01   ;(250.241,0.5,1159.01)为左侧隧道左边下 ZONE 3666
his add id=1322   zone smin 249.671,0.5,1162.30   ;(249.671,0.5,1162.30)为左侧隧道左边中 ZONE 3631
his add id=1323   zone smin 251.390,0.5,1165.28   ;(251.390,0.5,1165.28)为左侧隧道左边顶拱 ZONE 3635
his add id=1324   zone smin 255.314,0.5,1166.78   ;(255.314,0.5,1166.78)为左侧隧道顶拱正中 ZONE 3640
his add id=1325   zone smin 259.150,0.5,1165.25   ;(259.150,0.5,1165.25)为左侧隧道右边顶拱上 ZONE 3645
his add id=1326   zone smin 260.806,0.5,1162.34   ;(260.806,0.5,1162.34)为左侧隧道右边中 ZONE 3649
his add id=1327   zone smin 260.338,0.5,1159.06   ;(260.338,0.5,1159.06)为左侧隧道右边下 ZONE 3653
his add id=1328   zone smin 255.739,0.5,1157.53   ;(255.739,0.5,1157.53)为左侧隧道底板中 ZONE 3659

;左侧隧道剪切应变增量(ssi)
his add id=1331   zone ssi 250.241,0.5,1159.01   ;(250.241,0.5,1159.01)为左侧隧道左边下 ZONE 3666
his add id=1332   zone ssi 249.671,0.5,1162.30   ;(249.671,0.5,1162.30)为左侧隧道左边中 ZONE 3631
his add id=1333   zone ssi 251.390,0.5,1165.28   ;(251.390,0.5,1165.28)为左侧隧道左边顶拱 ZONE 3635
his add id=1334   zone ssi 255.314,0.5,1166.78   ;(255.314,0.5,1166.78)为左侧隧道顶拱正中 ZONE 3640
his add id=1335   zone ssi 259.150,0.5,1165.25   ;(259.150,0.5,1165.25)为左侧隧道右边顶拱上 ZONE 3645
his add id=1336   zone ssi 260.806,0.5,1162.34   ;(260.806,0.5,1162.34)为左侧隧道右边中 ZONE 3649
his add id=1337   zone ssi 260.338,0.5,1159.06   ;(260.338,0.5,1159.06)为左侧隧道右边下 ZONE 3653
his add id=1338   zone ssi 255.739,0.5,1157.53   ;(255.739,0.5,1157.53)为左侧隧道底板中 ZONE 3659

;左侧隧道剪切应变率(ssr)
his add id=1341   zone ssr 250.241,0.5,1159.01   ;(250.241,0.5,1159.01)为左侧隧道左边下 ZONE 3666
his add id=1342   zone ssr 249.671,0.5,1162.30   ;(249.671,0.5,1162.30)为左侧隧道左边中 ZONE 3631
his add id=1343   zone ssr 251.390,0.5,1165.28   ;(251.390,0.5,1165.28)为左侧隧道左边顶拱 ZONE 3635
his add id=1344   zone ssr 255.314,0.5,1166.78   ;(255.314,0.5,1166.78)为左侧隧道顶拱正中 ZONE 3640
his add id=1345   zone ssr 259.150,0.5,1165.25   ;(259.150,0.5,1165.25)为左侧隧道右边顶拱上 ZONE 3645
his add id=1346   zone ssr 260.806,0.5,1162.34   ;(260.806,0.5,1162.34)为左侧隧道右边中 ZONE 3649
his add id=1347   zone ssr 260.338,0.5,1159.06   ;(260.338,0.5,1159.06)为左侧隧道右边下 ZONE 3653
his add id=1348   zone ssr 255.739,0.5,1157.53   ;(255.739,0.5,1157.53)为左侧隧道底板中 ZONE 3659

;左侧隧道体积应变增量(vsi)
his add id=1351   zone vsi 250.241,0.5,1159.01   ;(250.241,0.5,1159.01)为左侧隧道左边下 ZONE 3666
his add id=1352   zone vsi 249.671,0.5,1162.30   ;(249.671,0.5,1162.30)为左侧隧道左边中 ZONE 3631
his add id=1353   zone vsi 251.390,0.5,1165.28   ;(251.390,0.5,1165.28)为左侧隧道左边顶拱 ZONE 3635
his add id=1354   zone vsi 255.314,0.5,1166.78   ;(255.314,0.5,1166.78)为左侧隧道顶拱正中 ZONE 3640
his add id=1355   zone vsi 259.150,0.5,1165.25   ;(259.150,0.5,1165.25)为左侧隧道右边顶拱上 ZONE 3645
his add id=1356   zone vsi 260.806,0.5,1162.34   ;(260.806,0.5,1162.34)为左侧隧道右边中 ZONE 3649
his add id=1357   zone vsi 260.338,0.5,1159.06   ;(260.338,0.5,1159.06)为左侧隧道右边下 ZONE 3653
his add id=1358   zone vsi 255.739,0.5,1157.53   ;(255.739,0.5,1157.53)为左侧隧道底板中 ZONE 3659

;左侧隧道体积应变率(vsr)
his add id=1361   zone vsr 250.241,0.5,1159.01   ;(250.241,0.5,1159.01)为左侧隧道左边下 ZONE 3666
his add id=1362   zone vsr 249.671,0.5,1162.30   ;(249.671,0.5,1162.30)为左侧隧道左边中 ZONE 3631
his add id=1363   zone vsr 251.390,0.5,1165.28   ;(251.390,0.5,1165.28)为左侧隧道左边顶拱 ZONE 3635
his add id=1364   zone vsr 255.314,0.5,1166.78   ;(255.314,0.5,1166.78)为左侧隧道顶拱正中 ZONE 3640
```

```
his add id=1365   zone vsr 259.150,0.5,1165.25     ;(259.150,0.5,1165.25)为左侧隧道右边顶拱上 ZONE 3645
his add id=1366   zone vsr 260.806,0.5,1162.34     ;(260.806,0.5,1162.34)为左侧隧道右边中 ZONE 3649
his add id=1367   zone vsr 260.338,0.5,1159.06     ;(260.338,0.5,1159.06)为左侧隧道右边下 ZONE 3653
his add id=1368   zone vsr 255.739,0.5,1157.53     ;(255.739,0.5,1157.53)为左侧隧道底板中 ZONE 3659

;------------------------------网格节点-------------------------------
;右侧隧道 X 向位移
his add id=201   gp xdisp 276.25,0,1159.33     ;(276.25,0,1159.33)在右侧隧道左边下
his add id=202   gp xdisp 276.15,0,1162.53     ;(276.15,0,1162.53)在右侧隧道左边中
his add id=203   gp xdisp 277.64,0,1164.93     ;(277.64,0,1164.93)在右侧隧道左边顶拱
his add id=204   gp xdisp 281.05,0,1166.33     ;(281.05,0,1166.33)在右侧隧道顶拱正中
his add id=205   gp xdisp 285.29,0,1164.43     ;(285.29,0,1164.43)在右侧隧道右边顶拱上
his add id=206   gp xdisp 286.19,0,1162.83     ;(286.19,0,1162.83)在右侧隧道右边中
his add id=207   gp xdisp 285.99,0,1159.13     ;(285.99,0,1159.13)在右侧隧道右边下
his add id=208   gp xdisp 281.42,0,1158.03     ;(281.42,0,1158.03)在右侧隧道底板中

;右侧隧道 Z 向位移
his add id=211   gp zdisp 276.25,0,1159.33     ;(276.25,0,1159.33)在右侧隧道左边下
his add id=212   gp zdisp 276.15,0,1162.53     ;(276.15,0,1162.53)在右侧隧道左边中
his add id=213   gp zdisp 277.64,0,1164.93     ;(277.64,0,1164.93)在右侧隧道左边顶拱
his add id=214   gp zdisp 281.05,0,1166.33     ;(281.05,0,1166.33)在右侧隧道顶拱正中
his add id=215   gp zdisp 285.29,0,1164.43     ;(285.29,0,1164.43)在右侧隧道右边顶拱上
his add id=216   gp zdisp 286.19,0,1162.83     ;(286.19,0,1162.83)在右侧隧道右边中
his add id=217   gp zdisp 285.99,0,1159.13     ;(285.99,0,1159.13)在右侧隧道右边下
his add id=218   gp zdisp 281.42,0,1158.03     ;(281.42,0,1158.03)在右侧隧道底板中

;右侧隧道 X 向速度
his add id=221   gp xvel 276.25,0,1159.33     ;(276.25,0,1159.33)在右侧隧道左边下
his add id=222   gp xvel 276.15,0,1162.53     ;(276.15,0,1162.53)在右侧隧道左边中
his add id=223   gp xvel 277.64,0,1164.93     ;(277.64,0,1164.93)在右侧隧道左边顶拱
his add id=224   gp xvel 281.05,0,1166.33     ;(281.05,0,1166.33)在右侧隧道顶拱正中
his add id=225   gp xvel 285.29,0,1164.43     ;(285.29,0,1164.43)在右侧隧道右边顶拱上
his add id=226   gp xvel 286.19,0,1162.83     ;(286.19,0,1162.83)在右侧隧道右边中
his add id=227   gp xvel 285.99,0,1159.13     ;(285.99,0,1159.13)在右侧隧道右边下
his add id=228   gp xvel 281.42,0,1158.03     ;(281.42,0,1158.03)在右侧隧道底板中

;右侧隧道 Z 向速度
his add id=231   gp zvel 276.25,0,1159.33     ;(276.25,0,1159.33)在右侧隧道左边下
his add id=232   gp zvel 276.15,0,1162.53     ;(276.15,0,1162.53)在右侧隧道左边中
his add id=233   gp zvel 277.64,0,1164.93     ;(277.64,0,1164.93)在右侧隧道左边顶拱
his add id=234   gp zvel 281.05,0,1166.33     ;(281.05,0,1166.33)在右侧隧道顶拱正中
his add id=235   gp zvel 285.29,0,1164.43     ;(285.29,0,1164.43)在右侧隧道右边顶拱上
his add id=236   gp zvel 286.19,0,1162.83     ;(286.19,0,1162.83)在右侧隧道右边中
his add id=237   gp zvel 285.99,0,1159.13     ;(285.99,0,1159.13)在右侧隧道右边下
his add id=238   gp zvel 281.42,0,1158.03     ;(281.42,0,1158.03)在右侧隧道底板中

;右侧隧道 X 向加速度
his add id=241   gp xacc 276.25,0,1159.33     ;(276.25,0,1159.33)在右侧隧道左边下
his add id=242   gp xacc 276.15,0,1162.53     ;(276.15,0,1162.53)在右侧隧道左边中
```

```
his add id=243    gp xacc 277.64,0,1164.93          ;(277.64,0,1164.93)在右侧隧道左边顶拱
his add id=244    gp xacc 281.05,0,1166.33          ;(281.05,0,1166.33)在右侧隧道顶拱正中
his add id=245    gp xacc 285.29,0,1164.43          ;(285.29,0,1164.43)在右侧隧道右边顶拱上
his add id=246    gp xacc 286.19,0,1162.83          ;(286.19,0,1162.83)在右侧隧道右边中
his add id=247    gp xacc 285.99,0,1159.13          ;(285.99,0,1159.13)在右侧隧道右边下
his add id=248    gp xacc 281.42,0,1158.03          ;(281.42,0,1158.03)在右侧隧道底板中

;右侧隧道 Z 向加速度
his add id=251    gp zacc 276.25,0,1159.33          ;(276.25,0,1159.33)在右侧隧道左边下
his add id=252    gp zacc 276.15,0,1162.53          ;(276.15,0,1162.53)在右侧隧道左边中
his add id=253    gp zacc 277.64,0,1164.93          ;(277.64,0,1164.93)在右侧隧道左边顶拱
his add id=254    gp zacc 281.05,0,1166.33          ;(281.05,0,1166.33)在右侧隧道顶拱正中
his add id=255    gp zacc 285.29,0,1164.43          ;(285.29,0,1164.43)在右侧隧道右边顶拱上
his add id=256    gp zacc 286.19,0,1162.83          ;(286.19,0,1162.83)在右侧隧道右边中
his add id=257    gp zacc 285.99,0,1159.13          ;(285.99,0,1159.13)在右侧隧道右边下
his add id=258    gp zacc 281.42,0,1158.03          ;(281.42,0,1158.03)在右侧隧道底板中

;--------------------------------------------------单元--------------------------------------------------
;右侧隧道正应力 sxx
his add id=261    zone sxx 276.25,0,1159.33          ;(276.25,0,1159.33)在右侧隧道左边下
his add id=262    zone sxx 276.15,0,1162.53          ;(276.15,0,1162.53)在右侧隧道左边中
his add id=263    zone sxx 277.64,0,1164.93          ;(277.64,0,1164.93)在右侧隧道左边顶拱
his add id=264    zone sxx 281.05,0,1166.33          ;(281.05,0,1166.33)在右侧隧道顶拱正中
his add id=265    zone sxx 285.29,0,1164.43          ;(285.29,0,1164.43)在右侧隧道右边顶拱上
his add id=266    zone sxx 286.19,0,1162.83          ;(286.19,0,1162.83)在右侧隧道右边中
his add id=267    zone sxx 285.99,0,1159.13          ;(285.99,0,1159.13)在右侧隧道右边下
his add id=268    zone sxx 281.42,0,1158.03          ;(281.42,0,1158.03)在右侧隧道底板中

;右侧隧道剪应力 sxz
his add id=271    zone sxz 276.25,0,1159.33          ;(276.25,0,1159.33)在右侧隧道左边下
his add id=272    zone sxz 276.15,0,1162.53          ;(276.15,0,1162.53)在右侧隧道左边中
his add id=273    zone sxz 277.64,0,1164.93          ;(277.64,0,1164.93)在右侧隧道左边顶拱
his add id=274    zone sxz 281.05,0,1166.33          ;(281.05,0,1166.33)在右侧隧道顶拱正中
his add id=275    zone sxz 285.29,0,1164.43          ;(285.29,0,1164.43)在右侧隧道右边顶拱上
his add id=276    zone sxz 286.19,0,1162.83          ;(286.19,0,1162.83)在右侧隧道右边中
his add id=277    zone sxz 285.99,0,1159.13          ;(285.99,0,1159.13)在右侧隧道右边下
his add id=278    zone sxz 281.42,0,1158.03          ;(281.42,0,1158.03)在右侧隧道底板中

;右侧隧道正应力 szz
his add id=281    zone szz 276.25,0,1159.33          ;(276.25,0,1159.33)在右侧隧道左边下
his add id=282    zone szz 276.15,0,1162.53          ;(276.15,0,1162.53)在右侧隧道左边中
his add id=283    zone szz 277.64,0,1164.93          ;(277.64,0,1164.93)在右侧隧道左边顶拱
his add id=284    zone szz 281.05,0,1166.33          ;(281.05,0,1166.33)在右侧隧道顶拱正中
his add id=285    zone szz 285.29,0,1164.43          ;(285.29,0,1164.43)在右侧隧道右边顶拱上
his add id=286    zone szz 286.19,0,1162.83          ;(286.19,0,1162.83)在右侧隧道右边中
his add id=287    zone szz 285.99,0,1159.13          ;(285.99,0,1159.13)在右侧隧道右边下
his add id=288    zone szz 281.42,0,1158.03          ;(281.42,0,1158.03)在右侧隧道底板中
```

```
;中间连接段中线 X 向位移
his add id=301   gp xdisp 268.21,0,1158.03        ;(268.21,0,1158.03)在中间连接段中线下
his add id=302   gp xdisp 268.21,0,1162.0         ;(268.21,0,1162.0)在中间连接段中线中
his add id=303   gp xdisp 268.2,0,1166.3          ;(268.2,0,1166.3)在中间连接段中线上

;中间连接段中线 Z 向位移
his add id=311   gp zdisp 268.21,0,1158.03        ;(268.21,0,1158.03)在中间连接段中线下
his add id=312   gp zdisp 268.21,0,1162.0         ;(268.21,0,1162.0)在中间连接段中线中
his add id=313   gp zdisp 268.2,0,1166.3          ;(268.2,0,1166.3)在中间连接段中线上

;中间连接段中线 X 向速度
his add id=321   gp xvel 268.21,0,1158.03         ;(268.21,0,1158.03)在中间连接段中线下
his add id=322   gp xvel 268.21,0,1162.0          ;(268.21,0,1162.0)在中间连接段中线中
his add id=323   gp xvel 268.2,0,1166.3           ;(268.2,0,1166.3)在中间连接段中线上

;中间连接段中线 Z 向速度
his add id=331   gp zvel 268.21,0,1158.03         ;(268.21,0,1158.03)在中间连接段中线下
his add id=332   gp zvel 268.21,0,1162.0          ;(268.21,0,1162.0)在中间连接段中线中
his add id=333   gp zvel 268.2,0,1166.3           ;(268.2,0,1166.3)在中间连接段中线上

;中间连接段中线 X 向加速度
his add id=341   gp xacc 268.21,0,1158.03         ;(268.21,0,1158.03)在中间连接段中线下
his add id=342   gp xacc 268.21,0,1162.0          ;(268.21,0,1162.0)在中间连接段中线中
his add id=343   gp xacc 268.2,0,1166.3           ;(268.2,0,1166.3)在中间连接段中线上

;中间连接段中线 Z 向加速度
his add id=351   gp zacc 268.21,0,1158.03         ;(268.21,0,1158.03)在中间连接段中线下
his add id=352   gp zacc 268.21,0,1162.0          ;(268.21,0,1162.0)在中间连接段中线中
his add id=353   gp zacc 268.2,0,1166.3           ;(268.2,0,1166.3)在中间连接段中线上

;----------------------- ---------------------------------单元-----------------------------------------------------------
;中间连接段中线正应力 sxx
his add id=361   zone sxx 268.21,0,1158.03        ;(268.21,0,1158.03)在中间连接段中线下
his add id=362   zone sxx 268.21,0,1162.0         ;(268.21,0,1162.0)在中间连接段中线中
his add id=363   zone sxx 268.2,0,1166.3          ;(268.2,0,1166.3)在中间连接段中线上

;中间连接段中线剪应力 sxz
his add id=371   zone sxz 268.21,0,1158.03        ;(268.21,0,1158.03)在中间连接段中线下
his add id=372   zone sxz 268.21,0,1162.0         ;(268.21,0,1162.0)在中间连接段中线中
his add id=373   zone sxz 268.2,0,1166.3          ;(268.2,0,1166.3)在中间连接段中线上

;中间连接段中线正应力 szz
his add id=381   zone szz 268.21,0,1158.03        ;(268.21,0,1158.03)在中间连接段中线下
his add id=382   zone szz 268.21,0,1162.0         ;(268.21,0,1162.0)在中间连接段中线中
his add id=383   zone szz 268.2,0,1166.3          ;(268.2,0,1166.3)在中间连接段中线上

;左侧隧道三角点的相对位移
his add id=401   fish @his_reldisp_LLC            ;左侧隧道_左侧边墙下<--->顶拱正中
his add id=402   fish @his_reldisp_LLC_x          ;左侧隧道_左侧边墙下<--->顶拱正中
```

```
his add id=403   fish @his_reldisp_LLC_y          ;左侧隧道_左侧边墙下<--->顶拱正中
his add id=404   fish @his_reldisp_LLC_z          ;左侧隧道_左侧边墙下<--->顶拱正中

his add id=405   fish @his_reldisp_LCR            ;左侧隧道_顶拱正中<--->右侧边墙下
his add id=406   fish @his_reldisp_LCR_x          ;左侧隧道_顶拱正中<--->右侧边墙下
his add id=407   fish @his_reldisp_LCR_y          ;左侧隧道_顶拱正中<--->右侧边墙下
his add id=408   fish @his_reldisp_LCR_z          ;左侧隧道_顶拱正中<--->右侧边墙下

his add id=409   fish @his_reldisp_LLR            ;左侧隧道_左侧边墙下<--->右侧边墙下
his add id=410   fish @his_reldisp_LLR_x          ;左侧隧道_左侧边墙下<--->右侧边墙下
his add id=411   fish @his_reldisp_LLR_y          ;左侧隧道_左侧边墙下<--->右侧边墙下
his add id=412   fish @his_reldisp_LLR_z          ;左侧隧道_左侧边墙下<--->右侧边墙下


;右侧隧道三角点的相对位移
his add id=501   fish @his_reldisp_RLC            ;右侧隧道_左侧边墙下<--->顶拱正中
his add id=502   fish @his_reldisp_RLC_x          ;右侧隧道_左侧边墙下<--->顶拱正中
his add id=503   fish @his_reldisp_RLC_y          ;右侧隧道_左侧边墙下<--->顶拱正中
his add id=504   fish @his_reldisp_RLC_z          ;右侧隧道_左侧边墙下<--->顶拱正中

his add id=505   fish @his_reldisp_RCR            ;右侧隧道_顶拱正中<--->右侧边墙下
his add id=506   fish @his_reldisp_RCR_x          ;右侧隧道_顶拱正中<--->右侧边墙下
his add id=507   fish @his_reldisp_RCR_y          ;右侧隧道_顶拱正中<--->右侧边墙下
his add id=508   fish @his_reldisp_RCR_z          ;右侧隧道_顶拱正中<--->右侧边墙下

his add id=509   fish @his_reldisp_RLR            ;右侧隧道_左侧边墙下<--->右侧边墙下
his add id=510   fish @his_reldisp_RLR_x          ;右侧隧道_左侧边墙下<--->右侧边墙下
his add id=511   fish @his_reldisp_RLR_y          ;右侧隧道_左侧边墙下<--->右侧边墙下
his add id=512   fish @his_reldisp_RLR_z          ;右侧隧道_左侧边墙下<--->右侧边墙下

;----------------------------堆积区底板-------------------------------
;泥石流输入 X 向加速度
his add id=601   gp xacc 102.45,0,1140.0          ;在堆积区底板
his add id=602   gp xacc 224.17,0,1175.0          ;在堆积区高程 1175m 交汇点
his add id=603   gp xacc 266.18,0,1200.0          ;在堆积区高程 1200m 交汇点
his add id=604   gp xacc 300.57,0,1220.0          ;在堆积区高程 1225m 交汇点

;泥石流输入 Z 向加速度
his add id=611   gp zacc 102.45,0,1140.0          ; (370.72,0,1118.0)在堆积区底板
his add id=612   gp zacc 224.17,0,1175.0          ; (268.21,0,1162.0)在堆积区高程 1175m 交汇点
his add id=613   gp zacc 266.18,0,1200.0          ; (268.2,0,1166.3)在堆积区高程 1200m 交汇点
his add id=614   gp zacc 300.57,0,1220.0          ; (268.2,0,1166.3)在堆积区高程 1225m 交汇点

;泥石流输入 X 向速度
his add id=621   gp xvel 102.45,0,1140.0          ; (370.72,0,1118.0)在堆积区底板
his add id=622   gp xvel 224.17,0,1175.0          ; (268.21,0,1162.0)在堆积区高程 1175m 交汇点
his add id=623   gp xvel 266.18,0,1200.0          ; (268.2,0,1166.3)在堆积区高程 1200m 交汇点
his add id=624   gp xvel 300.57,0,1220.0          ; (268.2,0,1166.3)在堆积区高程 1225m 交汇点
```

```
;泥石流输入 Z 向速度
his add id=631   gp zvel 102.45,0,1140.0        ; (370.72,0,1118.0)在堆积区底板
his add id=632   gp zvel 224.17,0,1175.0        ; (268.21,0,1162.0)在堆积区高程 1175m 交汇点
his add id=633   gp zvel 266.18,0,1200.0        ; (268.2,0,1166.3)在堆积区高程 1200m 交汇点
his add id=634   gp zvel 300.57,0,1220.0        ; (268.2,0,1166.3)在堆积区高程 1225m 交汇点

;泥石流输入 X 向位移
his add id=641   gp xdisp 102.45,0,1140.0       ;(370.72,0,1118.0)在堆积区底板
his add id=642   gp xdisp 224.17,0,1175.0       ;(268.21,0,1162.0)在堆积区高程 1175m 交汇点
his add id=643   gp xdisp 266.18,0,1200.0       ;(268.2,0,1166.3)在堆积区高程 1200m 交汇点
his add id=644   gp xdisp 300.57,0,1220.0       ;(268.2,0,1166.3)在堆积区高程 1225m 交汇点

;泥石流输入 Z 向位移
his add id=651   gp zdisp 102.45,0,1140.0       ;(370.72,0,1118.0)在堆积区底板
his add id=652   gp zdisp 224.17,0,1175.0       ;(268.21,0,1162.0)在堆积区高程 1175m 交汇点
his add id=653   gp zdisp 266.18,0,1200.0       ;(268.2,0,1166.3)在堆积区高程 1200m 交汇点
his add id=654   gp zdisp 300.57,0,1220.0       ;(268.2,0,1166.3)在堆积区高程 1225m 交汇点

;泥石流输入 sxx
his add id=661   zone sxx 102.45,0,1140.0       ;(370.72,0,1118.0)在堆积区底板
his add id=662   zone sxx 224.17,0,1175.0       ;(268.21,0,1162.0)在堆积区高程 1175m 交汇点
his add id=663   zone sxx 266.18,0,1200.0       ;(268.2,0,1166.3)在堆积区高程 1200m 交汇点
his add id=664   zone sxx 300.57,0,1220.0       ;(268.2,0,1166.3)在堆积区高程 1225m 交汇点

;泥石流输入 sxz
his add id=671   zone sxz 102.45,0,1140.0       ;(370.72,0,1118.0)在堆积区底板
his add id=672   zone sxz 224.17,0,1175.0       ;(268.21,0,1162.0)在堆积区高程 1175m 交汇点
his add id=673   zone sxz 266.18,0,1200.0       ;(268.2,0,1166.3)在堆积区高程 1200m 交汇点
his add id=674   zone sxz 300.57,0,1220.0       ;(268.2,0,1166.3)在堆积区高程 1225m 交汇点

;泥石流输入 szz
his add id=681   zone szz 102.45,0,1140.0       ;(370.72,0,1118.0)在堆积区底板
his add id=682   zone szz 224.17,0,1175.0       ;(268.21,0,1162.0)在堆积区高程 1175m 交汇点
his add id=683   zone szz 266.18,0,1200.0       ;(268.2,0,1166.3 在堆积区高程 1200m 交汇点
his add id=684   zone szz 300.57,0,1220.0       ;(268.2,0,1166.3)在堆积区高程 1225m 交汇点

;---------------------------------------------------底板（地震波输入位置）---------------------------------------------------
;地震波输入 X 向加速度
his add id=691   gp xacc 180,0,1130             ;(180,0,1130)在底板左下角
his add id=692   gp xacc 220,0,1130             ;(220,0,1130)在底板左中点
his add id=693   gp xacc 260,0,1130             ;(260,0,1130)在底板正中点
his add id=694   gp xacc 300,0,1130             ;(300,0,1130)在底板右中点
his add id=695   gp xacc 340,0,1130             ;(340,0,1130)在底板右下角

;地震波输入 Z 向加速度
his add id=701   gp zacc 180,0,1130             ;(180,0,1130)在底板左下角
his add id=702   gp zacc 220,0,1130             ;(220,0,1130)在底板左中点
his add id=703   gp zacc 260,0,1130             ;(260,0,1130)在底板正中点
his add id=704   gp zacc 300,0,1130             ;(300,0,1130)在底板右中点
his add id=705   gp zacc 340,0,1130             ;(340,0,1130)在底板右下角
```

```
;地震波输入 X 向速度
his add id=711    gp xvelo 180,0,1130                ;(180,0,1130)在底板左下角
his add id=712    gp xvelo 220,0,1130                ;(220,0,1130)在底板左中点
his add id=713    gp xvelo 260,0,1130                ;(260,0,1130)在底板正中点
his add id=714    gp xvelo 300,0,1130                ;(300,0,1130)在底板右中点
his add id=715    gp xvelo 340,0,1130                ;(340,0,1130)在底板右下角

;地震波输入 Z 向速度
his add id=721    gp zvelo 180,0,1130                ;(180,0,1130)在底板左下角
his add id=722    gp zvelo 220,0,1130                ;(220,0,1130)在底板左中点
his add id=723    gp zvelo 260,0,1130                ;(260,0,1130)底板正中点
his add id=724    gp zvelo 300,0,1130                ;(300,0,1130)在底板右中点
his add id=725    gp zvelo 340,0,1130                ;(340,0,1130)在底板右下角

;地震波输入 X 向位移
his add id=731    gp xdisp 180,0,1130                ;(180,0,1130)在底板左下角
his add id=732    gp xdisp 220,0,1130                ;(220,0,1130)在底板左中点
his add id=733    gp xdisp 260,0,1130                ;(260,0,1130)在底板正中点
his add id=734    gp xdisp 300,0,1130                ;(300,0,1130)在底板右中点
his add id=735    gp xdisp 340,0,1130                ;(340,0,1130)在底板右下角

;地震波输入 Z 向位移
his add id=741    gp zdisp 180,0,1130                ;(180,0,1130)在底板左下角
his add id=742    gp zdisp 220,0,1130                ;(220,0,1130)在底板左中点
his add id=743    gp zdisp 260,0,1130                ;(260,0,1130)在底板正中点
his add id=744    gp zdisp 300,0,1130                ;(300,0,1130)在底板右中点
his add id=745    gp zdisp 340,0,1130                ;(340,0,1130)在底板右下角
;------------------------------------------------------------结束历史记录设置------------------------------------------------------------
```

6.3.4 自定义冲击荷载的生成

1. 以函数的方式生成

函数 setup_wave_input 用于设置一些必要的全局变量，为生成冲击荷载函数 acc_p 做准备。函数 acc_p 依据式（3.13）生成冲击荷载。其中正态分布 $\chi \sim N(0,1)$ 的随机变量的生成可采用两种方法：第一种方法为 FISH 语言内置的 grand 函数直接生成；第二种方法为采用 Box-Muller 变换，将两个(0,1)上的均匀分布的随机变量合成标准正态随机变量，原理如式（6.1）所示。

假设 U_1 和 U_2 是区间(0,1)上均匀分布的随机变量，令

$$\begin{cases} Z_1 = \sqrt{-2\ln U_1}\cos(2\pi U_2) \\ Z_2 = \sqrt{-2\ln U_1}\sin(2\pi U_2) \end{cases} \tag{6.1}$$

则 Z_1 和 Z_2 是两个独立的标准正态随机变量。

函数代码如下。

```
def setup_wave_input
  global omega=2.0 * pi
  ;global freq=2.85714                                    ;场地卓越频率,已在 6.3.1 小节阻尼程序中进行了设置
  global alfa=1.2
  global beta1=1.65245
  global gamma=6.0
  global dytime_turn_point=gamma/alfa
  global eta=0.33333
  global beta2=(sqrt(beta1)-sqrt((alfa*exp(1)/gamma)^gamma))^2
  global delta1=0.6
  global delta2=delta1*sqrt(beta1/beta2)-sqrt(1/beta2*(exp(1)*alfa/gamma)^gamma)

end
@setup_wave_input

; 冲击荷载模型
def acc_p
  local temp=0.0
  local partA=sqrt(beta1*exp(-alfa*dytime)*dytime^gamma)
  local partB=sqrt(beta2*exp(-alfa*dytime)*dytime^gamma)
  local seed1=urand                                       ;grand 生成(0,1)上均匀分布的随机变量
  local seed2=urand
  ;local partC=sin(omega*freq*dytime)
  ;local partC=eta*sqrt(-2.0*ln(seed1))*cos(2.0*pi*seed2)   ;Box-Muller 变换
  local partC=eta*grand                                   ;grand 生成标准正态随机变量

  if dytime <= dytime_turn_point then
    temp=0.5*(1+delta1)*partA + 0.5*(1-delta1)*partA*partC
  else
    temp=1+0.5*(1+delta2)*partB + 0.5*(1-delta2)*partB*partC
  end_if
  ;if temp < 0.0 then
  ;temp=0.0
  ;end_if
  acc_p=temp
end
```

2. 以表格的方式生成

当采用函数自动生成的方式时，由于随机函数生成的不确定性，每一次程序执行时 FLAC3D 所加的冲击荷载都不同，这虽然为随机分析提供了便利，但在需要将冲击荷载固定下来进行分析的场合反而造成了阻碍。在这种情况下，可以采用表格的方式，将动力分析荷载预先记录在表格文本文件中，然后进行加载。6.3.2 小节展示了将“Debris_Press_Mode4_Grand_0.33sigma_10Hz.txt”文本加载为编号为 7 的表格，并开展后续动力分析的例子，该文本的第一行为注释，第二行为数据行数，从第三行开始，第一

列为时间，第二列为重力加速度附加系数。表格结构如下所示，受篇幅限制，略去重复部分，仅展示了首尾相关行。

```
Time [sec]      Impact [times of Gravity acc] sigma=0.333,ave=0.0,delta1=0.6
401, 0.0
0 0
0.05            0.000111835
0.1             0.000960465
……
19.95           1.04472
20              1.04419
```

6.3.5 等间距时间采样的实现

在没有用户暂停的情况下，FLAC3D 的动力模拟一直执行到用户指定的时间点，此时系统所保留的计算结果仅仅包括当前状态，也就是计算结束时的状态。这意味着，尽管可以通过 FLAC3D 提供的相关函数进行节点和单元的遍历，导出应力、应变、位移、速度、加速度等用户所感兴趣的全部变量，但是这些变量都只保留当前的状态，无法获得其历史数据。

虽然可以通过设置大量数值计算监测点的方式获取相关变量的时程，但仍然存在两个致命的问题：第一，数值计算监测点不能设置得过多，否则严重影响计算效率；第二，数值计算监测点布置得再多，也难以覆盖所有单元和所有节点。

因此，一个可以采用的灵活策略是，在计算过程中，采用等间距时间采样的模式，每当达到间距点时，系统暂停动力计算，保存系统当前的状态至文件中，然后继续动力计算至下一个时间点，如此往复，直至完成全时段分析。而这一过程中所保留的一系列时间序列文件，为分析系统的动力响应提供了原始数据。

下面展示的 dynarec 函数用于实现上述等间距时间采样功能。在当前的算例中，总的动力分析时间是 0～20 s，按照 8Hz 的采样频率，每间隔 0.125 s 的分析段，进行一次采样，共计保存 161 个状态文件。

值得注意的是，在每一次动力计算暂停期间，还通过调用用户自定义函数 zone_mc_dp_ten_fos 实现遍历计算，即计算当前每个单元在各强度理论下的稳定系数，并将其作为系统瞬时状态一并保留在状态文件中，相关技术细节见 6.4 节。

```
set dyn multi on
def dynarec
  local dyna_kk=0                 ;初始值（单位：0.01s）
  local agetime_end=20000         ;dyna_kk 记录了序列号,对应 20s
  global agetime
  local sec_int
  local sec_head
  local sec_middle
  local sec_tail
```

```
local oo                                          ;oo=lose_array(aa)
;local file_name_head='ImpactMode4_SoftRock_LD5%_EqHis_'
global filesave=file_name_head

;行为 1~3666，列为 0.000~20.000s，间隔 0.125s，共计 161 列
local i=1                                         ;当前列数,从 1 到 3666
local j=1                                         ;当前行数,从 1 到 161

loop while dyna_kk <= agetime_end                 ;dyna_kk 记录了序列号,对应 20s
  agetime=dyna_kk/1000.0
  ;name1=int(agetime)
  ;name2=int(agetime*100)-name1*100
  ;取秒的整数
  sec_int=dyna_kk/1000
  ;取秒的小数十分位
  sec_head=dyna_kk/100-dyna_kk/1000*10
  ;取秒的小数百分位
  sec_middle=dyna_kk/10-dyna_kk/100*10
  ;取秒的小数百分位
  sec_tail=dyna_kk-dyna_kk/10*10
  ;文件名
  filesave=filesave+string(sec_int)+'.'+string(sec_head)+string(sec_middle)+ string(sec_tail)+'.sav'
  command
    list @agetime
    solve age @agetime
  @zone_mc_dp_ten_fos                             ;获得当前稳定系数，保存至矩阵 znfos
endcommand
;将当前 znfos(3666)数组保存的 fos 导入 znfos 数组的第 j 列
  ;j=1~161 分别对应时刻 0.000s,0.125s,0.250s,0.375s,0.500s,…,20.000s
i=1
  loop while i <= 3666


     zn_current_fos(i,j)=znfos(i,1)
     ;znfos 矩阵,行: 对应 1~3666 个单元,列: 对应 0.000~20.000s, 间隔 0.125s, 共计 161 列
    znfail_mode(i,j)=znfos(i,2)
     ;znfail_mode 的行为 1~3666 个 zone 单元,列为 0.000~40.000s, 间隔 0.125s, 共计 161 列
     ;指示该单元获取的最小 fos 依赖的破坏模式"摩尔-库仑准则","D-P 准则", "最大拉应力准则"
     znfos_mc(i,j)=znfos(i,3)                     ;保存 fos_mc
     znfos_dp(i,j)=znfos(i,4)                     ;保存 fos_dp
     znfos_ten(i,j)=znfos(i,5)                    ;保存 fos_ten
     i=i+1
  endloop
;将当前 znfos(3666)数组保存的 fos 导入 znfos 数组的第 j 列
oo= lose_array(znfos)                             ;从内存中释放 znfos

command
   save @filesave
endcommand
filesave=file_name_head
```

```
    dyna_kk=dyna_kk+125        ;前进 0.125s
  j=j+1                        ;时间列标号加 1,共计 161 个
  endloop
end
@dynarec
```

6.4 伴随变量的设计与实现

6.4.1 伴随变量的设计思路和数据结构

在 6.3.5 小节的介绍中，实际上还引入了一种需求，就是在保存等间距系统状态的同时，能够一并生成表征系统所处状态的某种变量（如各单元的稳定系数），这种变量并没有像应力、应变、位移等一般体系的物理量一样已经由 FLAC3D 提供，而是一种引申的用户自定义变量。

例如，为了描述动力过程中单元或节点的某种随时间变化的状态，用户自定义了新的变量。为了提取这种变量，一种可行的方案是，保存系统在某个时间点的状态文件，然后在其后的分析中，读取该状态文件，获取单元和节点的信息，按照某种算法生成自定义状态。但这种模式的缺点是需要保存大量的状态文件，并且要频繁地进行文件导入、导出的计算操作，十分烦琐。另一种解决问题的思路是，如果这种变量能够在整个动力过程中伴随单元或节点始终存在，可以记录在动力过程中的历史信息，并且能够随时调用，那么仅需保存动力分析完成后的唯一状态文件，极大地简化了动力分析的复杂程度。

在本书中，将伴随单元或节点存在，并与之一一对应的变量称为伴随变量。在这个定义下，通常所指的节点变量（如加速度、速度、位移等）和单元变量（如应力、应变等）都是伴随变量，只不过区别在于它们被 FLAC3D 支持。另一个不同点在于，FLAC3D 所支持的这些变量并不保存其动力过程中的历史信息，只保留其当前状态。

本书将通过二次开发的方式，利用 FISH 语言提供的数组结构，实现伴随变量的功能。全部单元或节点可以视为数组的一个维度，在二维情况下简化为一张表，如将表的每一行对应一个单元，每一列对应一个时间点，那么行与列的交叉点（表格元素）保存对应的单元在对应时间点的状态。随着动力分析过程的推进，在预设的时间点暂停动力分析，执行相关的程序刷新过程，就可以得到当前状态下全部单元或节点的伴随变量信息，并存入数组中，这里的数组可以是二维的也可以是多维的，可随分析问题的复杂程度灵活确定。

6.4.2　点稳定系数伴随变量的建立

第 4 章所定义的点稳定系数是建立在对每个单元的稳定状态进行评估的基础上的，并且每个点的稳定系数在整个动力过程中随时间不断变化。因此，点稳定系数可以设计成 6.4.1 小节所述的伴随变量，伴随每一个单元而存在。

这里将点稳定系数伴随变量设计成一个 3 666 行、161 列的二维数组，也就是一个表。每一行对应一个单元（单元编号与数组的行号一一对应），每一列从 1 到 161 分别对应从 0～20 s 采样的时间点，采样间隔为 0.125 s。下列代码展示了点稳定系数伴随变量的建立过程，由函数 initial_global_zone_accompany_array 实现。

```
def initial_global_zone_accompany_array
    global zn_current_fos=get_array(3666,161)         ;行为 1~3666 个 zone 单元，列为 0.000~20.000s,间隔 0.125s,共计 161 列
    global znfail_mode=get_array(3666,161)            ;行为 1~3666 个 zone 单元，列为 0.000~20.000s,间隔 0.125s,共计 161 列
    ;指示该单元获取的最小 fos 依赖的破坏模式
    global znfos_mc=get_array(3666,161)               ;保存 fos_mc
    global znfos_dp=get_array(3666,161)               ;保存 fos_dp
    global znfos_ten=get_array(3666,161)              ;保存 fos_ten

    ;保存 3666 个单元瞬时变量(每个单元从 0~20s 8Hz 采样),在本例中为稳定系数 fos
    local i=1         ;行标号，从 1 到 3666
    local j=1         ;列标号，从 1 到 161

    ;初始标记为特殊值，例如: -1.0
    i=1
    loop while i <= 3666
       j=1
       loop while j <= 161
        zn_current_fos(i,j)=-1.0                      ;初始化 fos 阵列标记,为-1
           znfail_mode(i,j)=-1.0                      ;初始化破坏模式阵列标记,为-1
           znfos_mc(i,j)= -1.0                        ;初始化破坏模式阵列标记,为-1
           znfos_dp(i,j)=-1.0                         ;初始化破坏模式阵列标记,为-1
           znfos_ten(i,j)=-1.0                        ;初始化破坏模式阵列标记,为-1

        j=j+1
     endloop
       i=i+1
    endloop
end
;@initial_global_zone_accompany_array
```

6.4.3　点稳定系数伴随变量的刷新

下面名为 zone_mc_dp_ten_fos 的函数展示了点稳定系数的计算方法。配合 6.3.5

小节中的代码，每一次采样的间隔都驱动该函数进行全体单元点稳定系数的计算，然后保存至伴随变量中。

```
;计算每个单元当前的 fos,记录在 znfos 数组中,行号即单元编号
def zone_mc_dp_ten_fos
    global znfos=get_array(3666,5)
  ;保存 3666 个单元的稳定系数 fos;行为 1~3666 个 zone 单元
  ;第 1 列为当前 fos 的输出,第 2 列为破坏模式"摩尔-库仑准则","D-P 准则","最大拉应力准则"
  ;第 3 列为 mc_fos,第 4 列为 dp_fos,第 5 列为 tens_fos

    local i=1                               ;行标号,从 1 到 3666
    local j=1                               ;列标号,从 1 到 5
    local k=1                               ;单元号

    local zoneid_start=1                    ;保存待搜索单元的序列初始编号
    local zoneid_end=3666                   ;保存待搜索单元的序列结束编号

    local gppnt=gp_head
    local znpnt=zone_head

    local z_coh                             ;黏聚力
    local z_fric                            ;内摩擦角
    local z_ten                             ;抗拉强度
    local zone_vsi                          ;体积应变增量

    local sigma1
    local sigma2
    local sigma3
    local sinf
    local cosf
    local stress_resis
    local stress_current
    local fos_mc
    local fos_dp
    local fos_ten
    local II
    local JJ
    local KK
    local alpha


  ;群组 1 整体基岩
  ;群组 2 上表面
  ;群组 3 左隧道填充（已开挖）
  ;群组 4 右隧道填充（未开挖）
```

```
;群组 5 左隧道内壁
;群组 6 右隧道内壁

local str_group1='1'                         ;限制只搜索群组 1 整体基岩
local str_group2='2'                         ;限制只搜索群组 2 上表面
local str_group4='4'                         ;限制只搜索群组 4 右隧道填充（未开挖）
local str_group5='5'                         ;限制只搜索群组 5 左隧道内壁
local str_group6='6'                         ;限制只搜索群组 6 右隧道内壁
local str_groupname                          ;当前的组号
local skip_flag=1

i=1
j=1
loop while i <= 3666
   loop while j<= 5
      znfos(i,j)=0.0
        j=j+1
   endloop
   i=i+1
endloop

k=zoneid_start
loop while k <= zoneid_end
;gppnt=find_gp(k)
  znpnt=find_zone(k)
      ;zoneid(k)=gp_id(gppnt)
      ;zoneid(k)=z_id(znpnt)

section

   str_groupname=z_group(znpnt)              ;获取当前的单元组名
        if str_groupname=str_group1 then
             skip_flag=0                     ;群组 1
        endif
        if str_groupname=str_group2 then
           skip_flag=0                       ;群组 2
        endif

        if str_groupname=str_group4 then
           skip_flag=0                       ;群组 4 右隧道填充（未开挖）
        endif

        if str_groupname=str_group5 then
           skip_flag=0                       ;群组 5
        endif
        if str_groupname=str_group6 then
           skip_flag=0                       ;群组 6
        endif
```

```
        if skip_flag=1 then                          ;都未搜索到,则退出 section
          exit section
        endif

      z_coh =z_prop(znpnt,'cohesion')                ;单元的黏聚力
      z_fric=z_prop(znpnt,'friction')                ;单元的内摩擦角
      z_ten =z_prop(znpnt,'tension' )                ;单元的抗拉强度
       zone_vsi=z_vsi(znpnt)                         ;体积应变增量

    sigma1=z_sig1(znpnt)                             ;最大主应力
    sigma2=z_sig2(znpnt)                             ;中间主应力
    sigma3=z_sig3(znpnt)                             ;最小主应力

    cosf=cos(z_fric*pi/180.0)
    sinf=sin(z_fric*pi/180.0)

    ;莫尔-库仑屈服准则
    stress_resis=z_coh*cosf-0.5*(sigma1+sigma3)*sinf
    stress_current=0.5*(sigma3-sigma1)
    fos_mc=stress_resis/stress_current               ;获得单元稳定系数

   ;德鲁克-布拉格关联流动法则
    II=-1.0*(sigma1+sigma2+sigma3)
    JJ=((sigma1-sigma2)^2+(sigma2-sigma3)^2+(sigma3-sigma1)^2)/6.0
    KK=(3.0*z_coh*cosf)/(sqrt(3.0)*(3.0+sinf*sinf))
    alpha=sinf/(sqrt(3.0)*(3.0+sinf*sinf))

    stress_resis=KK-alpha*II
    stress_current=sqrt(JJ)
    fos_dp=stress_resis/stress_current               ;获得单元稳定系数

    ;最大拉应力准则
    if (sigma1+simgma2+sigma3) >= 0.0 then           ;受拉状态
      fos_ten=z_ten/sigma3
    else                                             ;受压状态,以-1.0 标记
      fos_ten=-1.0
    endif

    ;sigma1+simgma2+sigma3>0 预示着 zone 总体上受拉（拉为正）
if (sigma1+simgma2+sigma3) >= 0.0 then
        znfos(k,1)=fos_ten                           ;拉破坏
        znfos(k,2)=3  ;第 1 列为当前 fos 的输出,第 2 列为破坏模式“摩尔-库仑准则”,“D-P 准则”,“最大拉应力准则”
else
        znfos(k,1)=fos_mc
        znfos(k,2)=1
endif

       znfos(k,3)=fos_mc
```

```
        znfos(k,4)=fos_dp
        znfos(k,5)=fos_ten

    endsection
      k=k+1
    ;gppnt=gp_next(gppnt)
    endloop
end
;@zone_mc_dp_ten_fos
```

6.5　数据后处理

数据后处理的功能是在动力计算完成后，对所保存的计算数据进行读取处理，得到所关心的一系列物理量，包括全体节点的加速度、速度、位移，全体单元的应力、应变、破坏模式，以及稳定系数等。这些变量在空间上以场的形式存在，又随着动力时程的推进成为随机过程。

6.5.1　输出节点变量

通过遍历节点的方式，读取节点坐标、加速度、速度、位移，保存至文件中，程序如下。

```
def global_setting
    global current_filename=filesave
    global IO_APPENDED=2
    global IO_OVERWRITE=1
    global IO_ASCII=1

    local len_str
    len_str=strlen(current_filename)-4
    current_filename=substr( current_filename,1,len_str )

end
@global_setting

def scan_GP_for_Acc_Vel_Dis
    local gpid_start=1                ;保存待搜索的单元序列初始编号
    local gpid_end=3787               ;保存待搜索的单元序列结束编号

    local oo

    local gpid=get_array(9000)        ;网格节点编号
    local gpxcoo=get_array(9000)      ;X 向坐标
    local gpycoo=get_array(9000)      ;Y 向坐标
```

```
local gpzcoo=get_array(9000)        ;Z 向坐标

local gpxacc=get_array(9000)        ;X 向加速度
local gpyacc=get_array(9000)        ;Y 向加速度
local gpzacc=get_array(9000)        ;Z 向加速度

local gpxvel=get_array(9000)        ;X 向速度
local gpyvel=get_array(9000)        ;Y 向速度
local gpzvel=get_array(9000)        ;Z 向速度

local gpxdis=get_array(9000)        ;X 向位移
local gpydis=get_array(9000)        ;Y 向位移
local gpzdis=get_array(9000)        ;Z 向位移

local gp_buf=get_array(9000)
local buf_title=get_array(1)
local buf_filename=get_array(1)

;array gpid(9000)                   ;节点数组
;array gpxcoo(9000)                 ;X 向坐标
;array gpycoo(9000)                 ;Y 向坐标
;array gpzcoo(9000)                 ;Z 向坐标

;array gpxacc(9000)                 ;X 向加速度
;array gpyacc(9000)                 ;Y 向加速度
;array gpzacc(9000)                 ;Z 向加速度

;array gpxvel(9000)                 ;X 向速度
;array gpyvel(9000)                 ;Y 向速度
;array gpzvel(9000)                 ;Z 向速度

;array gpxdis(9000)                 ;X 向位移
;array gpydis(9000)                 ;Y 向位移
;array gpzdis(9000)                 ;Z 向位移

local gppnt=gp_head

local j=1
local chblk='  '

;global IO_APPENDED=2
;global IO_OVERWRITE=1
;global IO_ASCII=1

j=gpid_start
loop while j <= gpid_end
gppnt=find_gp(j)
```

```
        gpid(j)=gp_id(gppnt)
        gpxacc(j)=gp_xaccel(gppnt)
        gpyacc(j)=gp_yaccel(gppnt)
        gpzacc(j)=gp_zaccel(gppnt)

        ;网格节点坐标分量:x/y/z
        gpxcoo(j)=gp_xpos(gppnt)
        gpycoo(j)=gp_ypos(gppnt)
        gpzcoo(j)=gp_zpos(gppnt)

        ;网格节点速度分量:x/y/z
        gpxvel(j)=gp_xvel(gppnt)
        gpyvel(j)=gp_yvel(gppnt)
        gpzvel(j)=gp_zvel(gppnt)

        ;网格节点位移分量:x/y/z
        gpxdis(j)=gp_xdisp(gppnt)
        gpydis(j)=gp_ydisp(gppnt)
        gpzdis(j)=gp_zdisp(gppnt)


        gp_buf(j)=string(gpid(j)) + chblk
        gp_buf(j)=gp_buf(j) + string(gpxcoo(j)) + chblk + string(gpycoo(j)) + chblk + string(gpzcoo(j)) + chblk   ;坐标
        gp_buf(j)=gp_buf(j) + string(gpxacc(j)) + chblk + string(gpyacc(j)) + chblk + string(gpzacc(j)) + chblk   ;加速度
        gp_buf(j)=gp_buf(j) + string(gpxvel(j)) + chblk + string(gpyvel(j)) + chblk + string(gpzvel(j)) + chblk   ;速度
        gp_buf(j)=gp_buf(j) + string(gpxdis(j)) + chblk + string(gpydis(j)) + chblk + string(gpzdis(j)) + chblk   ;位移

    j=j+1

;gppnt=gp_next(gppnt)
endloop


buf_filename(1)=current_filename
buf_title(1)='GP_ID    Xpos    Ypos    Zpos    Xacc    Yacc    Zacc    Xvel
              Yvel    Zvel  Xdisp  Ydisp  Zdisp'

file_out=current_filename + '_GPVar(by4-9-1).txt'
status=close
status=open(file_out,IO_OVERWRITE,IO_ASCII)
if status=0 then
    status=write(buf_filename,1)
    status=write(buf_title,1)
    status=write(gp_buf,j-1)
    status=close
endif
```

```
    oo=lose_array(gpid)
    oo=lose_array(gpxcoo)
    oo=lose_array(gpycoo)
    oo=lose_array(gpzcoo)
    oo=lose_array(gpxacc)
    oo=lose_array(gpyacc)
    oo=lose_array(gpzacc)
    oo=lose_array(gpxvel)
    oo=lose_array(gpyvel)
    oo=lose_array(gpzvel)
    oo=lose_array(gpxdis)
    oo=lose_array(gpydis)
    oo=lose_array(gpzdis)
    oo=lose_array(gp_buf)
    oo=lose_array(buf_title)
    oo=lose_array(buf_filename)
end
@scan_GP_for_Acc_Vel_Dis
```

6.5.2 输出单元变量

通过遍历单元的方式，读取单元的形心坐标、六个应力分量、三个主应力分量、剪切应变增量、体积应变增量、剪切应变率、体积应变率、保存至文件中，程序如下。

```
def global_setting
    global current_filename=filesave
    global IO_APPENDED=2
    global IO_OVERWRITE=1
    global IO_ASCII=1

    local len_str
    len_str=strlen(current_filename)-4
    current_filename=substr(current_filename,1,len_str)

end
@global_setting

def scan_zone_for_Cen_Stree_Strain
    local zoneid_start=1                        ;保存待搜索单元的序列初始编号
    local zoneid_end=3666                       ;保存待搜索单元的序列结束编号

    local oo

    local str_groupname=get_array(9000)         ;单元组名
    local zoneid=get_array(9000)                ;单元编号
    local cenxcoo=get_array(9000)
    local cenycoo=get_array(9000)
    local cenzcoo=get_array(9000)
```

```
;local group_name=get_array(9000)            ;单元组名

local sigma1=get_array(9000)                 ;最大主应力
local sigma2=get_array(9000)                 ;中间主应力
local sigma3=get_array(9000)                 ;最小主应力

local zn_sxx=get_array(9000)                 ;正应力 sxx
local zn_sxy=get_array(9000)                 ;剪应力 sxy
local zn_sxz=get_array(9000)                 ;剪应力 sxz
local zn_syy=get_array(9000)                 ;正应力 syy
local zn_syz=get_array(9000)                 ;剪应力 syz
local zn_szz=get_array(9000)                 ;正应力 szz

local zn_ssi=get_array(9000)                 ;剪切应变增量
local zn_ssr=get_array(9000)                 ;剪切应变率

local zn_vsi=get_array(9000)                 ;体积应变增量
local zn_vsr=get_array(9000)                 ;体积应变率

local zn_buf=get_array(9000)
local buf_title=get_array(1)
local buf_temp=get_array(1)
local buf_filename=get_array(1)


;local gppnt=gp_head
local znpnt=zone_head

local j=1
local chblk='     '

;global IO_APPENDED=2
;global IO_OVERWRITE=1
;global IO_ASCII=1

j=zoneid_start
loop while j <= zoneid_end
;gppnt=find_gp(j)
      znpnt=find_zone(j)
         ;zoneid(j)=gp_id(gppnt)
         zoneid(j)=z_id(znpnt)               ;单元编号

         str_groupname(j)=z_group(znpnt)     ;获取当前的单元组名

    cenxcoo(j)=z_xcen(znpnt)
    cenycoo(j)=z_ycen(znpnt)
    cenzcoo(j)=z_zcen(znpnt)
```

```
sigma1(j)=z_sig1(znpnt)          ;最大主应力
sigma2(j)=z_sig2(znpnt)          ;中间主应力
sigma3(j)=z_sig3(znpnt)          ;最小主应力

;Stress:x/y/z-component of zone stress
zn_sxx(j)=z_sxx(znpnt)           ;正应力 sxx
zn_sxy(j)=z_sxy(znpnt)           ;剪应力 sxy
zn_sxz(j)=z_sxz(znpnt)           ;剪应力 sxz
zn_syy(j)=z_syy(znpnt)           ;正应力 syy
zn_syz(j)=z_syz(znpnt)           ;剪应力 syz
zn_szz(j)=z_szz(znpnt)           ;正应力 szz

;Strain:ssi/ssr of zone strain
zn_ssi(j)=z_ssi(znpnt)           ;剪切应变增量
zn_ssr(j)=z_ssr(znpnt)           ;剪切应变率

;体积应变：vsi 为体积应变增量,vsr 为体积应变率
zn_vsi(j)=z_vsi(znpnt)           ;体积应变增量
zn_vsr(j)=z_vsr(znpnt)           ;体积应变率

;Average zone temperature:temp
zn_temp=z_temp(znpnt)            ;单位平均温度

;整理行记录
zn_buf(j)=string(zoneid(j)) + chblk + str_groupname(j) + chblk
;添加单元形心的坐标
zn_buf(j)=zn_buf(j) + string(cenxcoo(j)) + chblk + string(cenycoo(j)) + chblk + string(cenzcoo(j)) + chblk

;添加应力
zn_buf(j)=zn_buf(j) + string(zn_sxx(j)) + chblk + string(zn_sxy(j)) + chblk + string(zn_sxz(j)) + chblk   ;sxx、sxy、sxz
zn_buf(j)=zn_buf(j) + string(zn_syy(j)) + chblk + string(zn_syz(j)) + chblk + string(zn_szz(j)) + chblk   ;syy、syz、szz

;添加主应力
zn_buf(j)=zn_buf(j) + string(sigma1(j)) + chblk + string(sigma2(j)) + chblk + string(sigma3(j)) + chblk   ;最大主应力、
中间主应力、最小主应力

;添加剪切应变增量(ssi)和剪切应变率(ssr)
zn_buf(j)=zn_buf(j) + string(zn_ssi(j)) + chblk + string(zn_ssr(j)) + chblk

;添加体积应变增量(vsi)和体积应变率(vsr)
zn_buf(j)=zn_buf(j) + string(zn_vsi(j)) + chblk + string(zn_vsr(j)) + chblk

;添加单元的平均温度
zn_buf(j)=zn_buf(j) + string(zn_temp(j)) + chblk


j=j+1

;gppnt=gp_next(gppnt)
```

```
    endloop


    buf_filename(1)=current_filename
    buf_title(1)='ZoneID   GroupName  CenXpos     CenYpos     CenZpos     Sxx   Sxy   Sxz   Syy   Syz   Szz   Sig1
       Sig2   Sig3 '
    buf_temp(1) ='SSI      SSR   VSI    VSR'
    buf_title(1)=buf_title(1) + buf_temp(1)

    file_out=current_filename + '_ZoneVar(by4-9-3).txt'
    status=close
    status=open(file_out,IO_OVERWRITE,IO_ASCII)
    if status=0 then
       status=write(buf_filename,1)
       status=write(buf_title,1)
       status=write(zn_buf,j-1)
       status=close
    endif

    oo=lose_array(sigma1)
    oo=lose_array(sigma2)
    oo=lose_array(sigma3)
    oo=lose_array(zn_sxx)
    oo=lose_array(zn_sxy)
    oo=lose_array(zn_sxz)
    oo=lose_array(zn_syy)
    oo=lose_array(zn_syz)
    oo=lose_array(zn_szz)

    oo=lose_array(zn_ssi)
    oo=lose_array(zn_ssr)
    oo=lose_array(zn_vsi)
    oo=lose_array(zn_vsr)
    ;oo=lose_array(zn_temp)
    oo=lose_array(zn_buf)
    oo=lose_array(buf_title)
    oo=lose_array(buf_temp)
    oo=lose_array(buf_filename)

end
@scan_zone_for_Cen_Stree_Strain
```

6.5.3　输出点稳定系数

读取 6.4 节建立的点稳定系数伴随变量，保存至文件中，程序如下。

```
;遍历整个 zone,导出 fos 随时间分布的变量
;读取的 fos 在伴随数组 zn_current_fos 中
```

```
;zone 伴随数组变量--------------------------------
;initial_global_zone_accompany_array
;global zn_current_fos=get_array(3666,161) ;行为 1~3666 个 zone 单元,列为 0.000~20.000s,间隔 0.125s,共计 161 列
;保存 3666 个单元,保存 3666 个单元的瞬时变量,时间从 0~20s,以 8Hz 采样,在本例中为稳定系数 fos

def global_setting
    global current_filename=filesave
    global IO_APPENDED=2
    global IO_OVERWRITE=1
    global IO_ASCII=1

    local len_str
    len_str=strlen(current_filename)-4
    current_filename=substr( current_filename,1,len_str )

end
@global_setting

def scan_zone_for_fos
    local zoneid_start=1                          ;保存待搜索的单元序列初始编号
    local zoneid_end=3666                         ;保存待搜索的单元序列结束编号
    local j_end=161                               ;保存 znfos 列编号,0.000~20.000s,间隔 0.125s,共计 161 列
    local znpnt=zone_head
    local oo

    local i=1                                     ;行标号,从 1 到 3666
    local j=1                                     ;列标号,从 1 到 5
    local zn_buf=get_array(3666)
    local buf_title=get_array(1)
    local buf_temp=get_array(100)
    local buf_filename=get_array(1)

    local str_groupname=get_array(3666)           ;单元组名
    local zoneid= get_array(3666)                 ;单元编号
    local cenxcoo=get_array(3666)
    local cenycoo=get_array(3666)
    local cenzcoo=get_array(3666)

    local chblk='    '

    ;global IO_APPENDED=2
    ;global IO_OVERWRITE=1
    ;global IO_ASCII=1

    i=zoneid_start
    loop while i <= zoneid_end

    znpnt=find_zone(i)                            ;单元指针
    zoneid(i)=z_id(znpnt)                         ;单元编号
```

```
str_groupname(i)=z_group(znpnt)                    ;获取当前的单元组名

cenxcoo(i)=z_xcen(znpnt)
cenycoo(i)=z_ycen(znpnt)
cenzcoo(i)=z_zcen(znpnt)

;zn_buf(i)=string(i)                               ;单元编号
;zn_buf(i)=string(zoneid(i))                       ;单元编号


;整理行记录
zn_buf(i)=string(zoneid(i)) + chblk + str_groupname(i) + chblk
;添加单元形心坐标
zn_buf(i)=zn_buf(i) + string(cenxcoo(i)) + chblk + string(cenycoo(i)) + chblk + string(cenzcoo(i)) + chblk

;添加 fos
j=1
  loop while j <= j_end           ;j_edn=161
   zn_buf(i)=zn_buf(i) + string(zn_current_fos(i,j)) + chblk
  j=j+1
  endloop   ;j

  i=i+1
endloop ;i


buf_filename(1)=current_filename
buf_title(1)=    'ZoneID    GroupName  CenXpos    CenYpos    CenZpos    fos_0.000  fos_0.125  fos_0.250
fos_0.375        fos_0.500  fos_0.625  fos_0.750  fos_0.875 '
buf_temp(1) =    'fos_1.000  fos_1.125  fos_1.250  fos_1.375  fos_1.500  fos_1.625  fos_1.750  fos_1.875 '
buf_temp(2) =    'fos_2.000  fos_2.125  fos_2.250  fos_2.375  fos_2.500  fos_2.625  fos_2.750  fos_2.875 '
buf_temp(3) =    'fos_3.000  fos_3.125  fos_3.250  fos_3.375  fos_3.500  fos_3.625  fos_3.750  fos_3.875 '
buf_temp(4) =    'fos_4.000  fos_4.125  fos_4.250  fos_4.375  fos_4.500  fos_4.625  fos_4.750  fos_4.875 '
buf_temp(5) =    'fos_5.000  fos_5.125  fos_5.250  fos_5.375  fos_5.500  fos_5.625  fos_5.750  fos_5.875 '
buf_temp(6) =    'fos_6.000  fos_6.125  fos_6.250  fos_6.375  fos_6.500  fos_6.625  fos_6.750  fos_6.875 '
buf_temp(7) =    'fos_7.000  fos_7.125  fos_7.250  fos_7.375  fos_7.500  fos_7.625  fos_7.750  fos_7.875 '
buf_temp(8) =    'fos_8.000  fos_8.125  fos_8.250  fos_8.375  fos_8.500  fos_8.625  fos_8.750  fos_8.875 '
buf_temp(9) =    'fos_9.000  fos_9.125  fos_9.250  fos_9.375  fos_9.500  fos_9.625  fos_9.750  fos_9.875 '
buf_temp(10)=    'fos_10.000 fos_10.125 fos_10.250 fos_10.375 fos_10.500 fos_10.625 fos_10.750 fos_10.875 '
buf_temp(11)=    'fos_11.000 fos_11.125 fos_11.250 fos_11.375 fos_11.500 fos_11.625 fos_11.750 fos_11.875 '
buf_temp(12)=    'fos_12.000 fos_12.125 fos_12.250 fos_12.375 fos_12.500 fos_12.625 fos_12.750 fos_12.875 '
buf_temp(13)=    'fos_13.000 fos_13.125 fos_13.250 fos_13.375 fos_13.500 fos_13.625 fos_13.750 fos_13.875 '
buf_temp(14)=    'fos_14.000 fos_14.125 fos_14.250 fos_14.375 fos_14.500 fos_14.625 fos_14.750 fos_14.875 '
buf_temp(15)=    'fos_15.000 fos_15.125 fos_15.250 fos_15.375 fos_15.500 fos_15.625 fos_15.750 fos_15.875 '
buf_temp(16)=    'fos_16.000 fos_16.125 fos_16.250 fos_16.375 fos_16.500 fos_16.625 fos_16.750 fos_16.875 '
buf_temp(17)=    'fos_17.000 fos_17.125 fos_17.250 fos_17.375 fos_17.500 fos_17.625 fos_17.750 fos_17.875 '
buf_temp(18)=    'fos_18.000 fos_18.125 fos_18.250 fos_18.375 fos_18.500 fos_18.625 fos_18.750 fos_18.875 '
buf_temp(19)=    'fos_19.000 fos_19.125 fos_19.250 fos_19.375 fos_19.500 fos_19.625 fos_19.750 fos_19.875 '
```

```
    buf_temp(20)=   'fos_20.000'

    j=1
    loop while j <= 20        ;20s
        buf_title(1)=buf_title(1) + buf_temp(j)
     j=j+1
    endloop ;j

    file_out=current_filename + '_Zone_Fos_Time_History(by4-4-1).txt'
    status=close
    status=open(file_out,IO_OVERWRITE,IO_ASCII)
    if status=0 then
       status=write(buf_title,1)
       status=write(zn_buf,zoneid_end)
       status=close
    endif

    ;内存释放
    oo= lose_array(zn_buf)                  ;释放 zn_buf
    oo= lose_array(buf_title)               ;释放 buf_title
    oo= lose_array(buf_temp)                ;释放 buf_temp
    oo= lose_array(buf_filename)            ;释放 buf_filename
    oo= lose_array(str_groupname)           ;释放 str_groupname
    oo= lose_array(zoneid)                  ;释放 zoneid
    oo= lose_array(cenxcoo)                 ;释放 cenxcoo
    oo= lose_array(cenycoo)                 ;释放 cenycoo
    oo= lose_array(cenzcoo)                 ;释放 cenzcoo

end
@scan_zone_for_fos
```

6.5.4 输出破坏模式

破坏模式也是自定义的伴随变量的一种，用来记录每一个单元在不同时刻的破坏模式。读取破坏模式伴随变量，保存至文件中，程序如下。

```
;遍历整个 zone,导出破坏模式随时间分布的变量
;zone 伴随数组变量;读取的 fos 在伴随数组 znfail_mode 中
;initial_global_zone_accompany_array
;global znfail_mode=get_array(3666,161)  ;行为 1~3666 个 zone 单元,列为 0.000~20.000s,间隔 0.125s,共计 161 列
;指示该单元获取的最小 fos 依赖的破坏模式"摩尔-库仑准则","D-P 准则","最大拉应力准则"

def global_setting
   global current_filename=filesave
   global IO_APPENDED=2
   global IO_OVERWRITE=1
   global IO_ASCII=1
```

```
    local len_str
    len_str=strlen(current_filename)-4
    current_filename=substr( current_filename,1,len_str )

end
@global_setting

def scan_zone_for_fail_model
    local zoneid_start=1                    ;保存待搜索的单元序列初始编号
    local zoneid_end=3666                   ;保存待搜索的单元序列结束编号
    local j_end=161                         ;保存 znfos 列编号,0.000~20.000s,间隔 0.125s,共计 161 列
    local znpnt=zone_head

    local i=1                               ;行标号,从 1 到 3666
    local j=1                               ;列标号,从 1 到 161
    local zn_buf=get_array(3666)
    local buf_title=get_array(1)
    local buf_temp=get_array(100)
    local buf_filename=get_array(1)

    local str_groupname=get_array(3666)     ;单元组名
    local zoneid=get_array(3666)            ;单元编号
    local cenxcoo=get_array(3666)
    local cenycoo=get_array(3666)
    local cenzcoo=get_array(3666)

    local chblk='     '

    ;global IO_APPENDED=2
    ;global IO_OVERWRITE=1
    ;global IO_ASCII=1

    i=zoneid_start
    loop while i <= zoneid_end

    znpnt=find_zone(i)                      ;zone 指针
    zoneid(i)=z_id(znpnt)                   ;单元编号

    str_groupname(i)=z_group(znpnt)         ;获取当前的单元组名

    cenxcoo(i)=z_xcen(znpnt)
    cenycoo(i)=z_ycen(znpnt)
    cenzcoo(i)=z_zcen(znpnt)

    ;zn_buf(i)=string(i)                    ;单元编号
    ;zn_buf(i)=string(zoneid(i))            ;单元编号
```

```
;整理行记录
zn_buf(i)=string(zoneid(i)) + chblk + str_groupname(i) + chblk
;添加单元形心坐标
zn_buf(i)=zn_buf(i) + string(cenxcoo(i)) + chblk + string(cenycoo(i)) + chblk + string(cenzcoo(i)) + chblk

;添加 fos
j=1
  loop while j <= j_end                       ;j_edn=161
   zn_buf(i)=zn_buf(i) + string(znfail_mode(i,j)) + chblk
      j=j+1
  endloop   ;j

  i=i+1
endloop ;i

buf_filename(1)=current_filename
buf_title(1)='ZoneID        GroupName          CenXpos CenYpos        CenZpos fai_mod_0.000
        fai_mod_0.125      fai_mod_0.250      fai_mod_0.375      fai_mod_0.500
        fai_mod_0.625      fai_mod_0.750      fai_mod_0.875      '
buf_temp(1) =          'fai_mod_1.000      fai_mod_1.125      fai_mod_1.250
        fai_mod_1.375      fai_mod_1.500      fai_mod_1.625      fai_mod_1.750
        fai_mod_1.875      '
buf_temp(2) =          'fai_mod_2.000      fai_mod_2.125      fai_mod_2.250
        fai_mod_2.375      fai_mod_2.500      fai_mod_2.625      fai_mod_2.750
        fai_mod_2.875      '
buf_temp(3) =          'fai_mod_3.000      fai_mod_3.125      fai_mod_3.250
        fai_mod_3.375      fai_mod_3.500      fai_mod_3.625      fai_mod_3.750
        fai_mod_3.875      '
buf_temp(4) =          'fai_mod_4.000      fai_mod_4.125      fai_mod_4.250
        fai_mod_4.375      fai_mod_4.500      fai_mod_4.625      fai_mod_4.750
        fai_mod_4.875      '
buf_temp(5) =          'fai_mod_5.000      fai_mod_5.125      fai_mod_5.250
        fai_mod_5.375      fai_mod_5.500      fai_mod_5.625      fai_mod_5.750
        fai_mod_5.875      '
buf_temp(6) =          'fai_mod_6.000      fai_mod_6.125      fai_mod_6.250
        fai_mod_6.375      fai_mod_6.500      fai_mod_6.625      fai_mod_6.750
        fai_mod_6.875      '
buf_temp(7) =          'fai_mod_7.000      fai_mod_7.125      fai_mod_7.250
        fai_mod_7.375      fai_mod_7.500      fai_mod_7.625      fai_mod_7.750
        fai_mod_7.875      '
buf_temp(8) =          'fai_mod_8.000      fai_mod_8.125      fai_mod_8.250
        fai_mod_8.375      fai_mod_8.500      fai_mod_8.625      fai_mod_8.750
        fai_mod_8.875      '
buf_temp(9) =          'fai_mod_9.000      fai_mod_9.125      fai_mod_9.250
        fai_mod_9.375      fai_mod_9.500      fai_mod_9.625      fai_mod_9.750
        fai_mod_9.875      '
buf_temp(10)=          'fai_mod_10.000     fai_mod_10.125     fai_mod_10.250
```

```
        fai_mod_10.375         fai_mod_10.500         fai_mod_10.625         fai_mod_10.750
        fai_mod_10.875         '
buf_temp(11)=                  'fai_mod_11.000        fai_mod_11.125         fai_mod_11.250
        fai_mod_11.375         fai_mod_11.500         fai_mod_11.625         fai_mod_11.750
        fai_mod_11.875         '
buf_temp(12)=                  'fai_mod_12.000        fai_mod_12.125         fai_mod_12.250
        fai_mod_12.375         fai_mod_12.500         fai_mod_12.625         fai_mod_12.750
        fai_mod_12.875         '
buf_temp(13)=                  'fai_mod_13.000        fai_mod_13.125         fai_mod_13.250
        fai_mod_13.375         fai_mod_13.500         fai_mod_13.625         fai_mod_13.750
        fai_mod_13.875         '
buf_temp(14)=                  'fai_mod_14.000        fai_mod_14.125         fai_mod_14.250
        fai_mod_14.375         fai_mod_14.500         fai_mod_14.625         fai_mod_14.750
        fai_mod_14.875         '
buf_temp(15)=                  'fai_mod_15.000        fai_mod_15.125         fai_mod_15.250
        fai_mod_15.375         fai_mod_15.500         fai_mod_15.625         fai_mod_15.750
        fai_mod_15.875         '
buf_temp(16)=                  'fai_mod_16.000        fai_mod_16.125         fai_mod_16.250
        fai_mod_16.375         fai_mod_16.500         fai_mod_16.625         fai_mod_16.750
        fai_mod_16.875         '
buf_temp(17)=                  'fai_mod_17.000        fai_mod_17.125         fai_mod_17.250
        fai_mod_17.375         fai_mod_17.500         fai_mod_17.625         fai_mod_17.750
        fai_mod_17.875         '
buf_temp(18)=                  'fai_mod_18.000        fai_mod_18.125         fai_mod_18.250
        fai_mod_18.375         fai_mod_18.500         fai_mod_18.625         fai_mod_18.750
        fai_mod_18.875         '
buf_temp(19)=                  'fai_mod_19.000        fai_mod_19.125         fai_mod_19.250
        fai_mod_19.375         fai_mod_19.500         fai_mod_19.625         fai_mod_19.750
        fai_mod_19.875         '
buf_temp(20)=                  'fai_mod_20.000        '


j=1
loop while j <= 20        ;20s
    buf_title(1)=buf_title(1) + buf_temp(j)
 j=j+1
endloop ;j

file_out=current_filename + '_Fail_Model_Time_History(by4-4-2).txt'
status=close
status=open(file_out,IO_OVERWRITE,IO_ASCII)
if status=0 then
   status=write(buf_title,1)
   status=write(zn_buf,zoneid_end)
   status=close
endif

;内存释放
oo= lose_array(zn_buf)                    ;释放 zn_buf
```

```
    oo= lose_array(buf_title)                ;释放 buf_title
    oo= lose_array(buf_temp)                 ;释放 buf_temp
    oo= lose_array(buf_filename)             ;释放 buf_filename
    oo= lose_array(str_groupname)            ;释放 str_groupname
    oo= lose_array(zoneid)                   ;释放 zoneid
    oo= lose_array(cenxcoo)                  ;释放 cenxcoo
    oo= lose_array(cenycoo)                  ;释放 cenycoo
    oo= lose_array(cenzcoo)                  ;释放 cenzcoo
end
@scan_zone_for_fail_model
```

6.5.5 输出统计窗口最小稳定系数及最危险单元序列

1. 搜寻函数

以指定的统计窗口为区域，搜索当前状态下最小稳定系数及对应的最危险单元的位置，特别地，当指定的统计窗口为全体围岩区域时，也适用于常规不划分统计窗口的情况，代码如下。

```
;
def global_setting
    global current_filename=filesave
    global IO_APPENDED=2
    global IO_OVERWRITE=1
    global IO_ASCII=1

    local len_str
    len_str=strlen(current_filename)-4
    current_filename=substr( current_filename,1,len_str )
end
@global_setting


;
def _States                                    ;状态指示器
   global state_shearno=1                      ; 1
   global state_tensionnow=2                   ; 2
   global state_shearpast=4                    ; 3
   global state_tensionpast=8                  ; 4
   global state_jointshearnow=16               ; 5
   global state_jointtensionnow=32             ; 6
   global state_jointshearpast=64              ; 7
   global state_jointtensionpast=128           ; 8
   global state_volumenow=256                  ; 9
   global state_volumepast=512                 ; 10
;
end
;
```

```
@_States

def search_minimal_z_fos
    local str_group1='1'            ;限制只搜索群组 1 整体基岩
    local str_group2='2'            ;限制只搜索群组 2 上表面
    local str_group4='4'            ;限制只搜索群组 4 右隧道填充（未开挖）
    local str_group5='5'            ;限制只搜索群组 5 左隧道内壁
    local str_group6='6'            ;限制只搜索群组 6 右隧道内壁
    local str_groupname             ;当前的组号
    local skip_flag=1               ;设为真值 1

    local filename_fos              ;指定输出 fos 的文件名
    local oo


    local curr_state_any            ;当前破坏状态函数,state z_state(pnt,0)0 代表任意
    local curr_state_ave            ;当前破坏状态函数,state z_state(pnt,1)1 代表平均
    ;Test flag in '0-any'           ;zone 内的任何四面体达到对应的指标,称为任意
    local stable_any                ;稳定
    local shear_now_any             ;当前剪切破坏
    local tension_now_any           ;当前拉破坏
    local shear_past_any            ;过去曾经剪切破坏
    local tension_past_any          ;过去曾经拉破坏

    ;Test flag in '1-average'       ;zone 内的 50%四面体达到对应的指标,称为平均
    local stable_ave                ;稳定
    local shear_now_ave             ;当前剪切破坏
    local tension_now_ave           ;当前拉破坏
    local shear_past_ave            ;过去曾经剪切破坏
    local tension_past_ave          ;过去曾经拉破坏

    local zoneid
    local gpid
    local p_z_counter

    local gppnt=gp_head
    local znpnt=zone_head

    local z_coh
    local z_fric
    local z_ten

    local sigma1                    ;最大主应力
    local sigma2                    ;中间主应力
    local sigma3                    ;最小主应力
    local stress_resis
    local stress_current
    local fos_mc
```

```
local fos_dp
local fos_co
local fos_ten
local II
local JJ
local KK
local alpha
local sinf
local cosf
local is_tensile   ;是否为张拉状态？"1"为是,"0" 为否

;global current_filename
;莫尔-库仑屈服准则
local mini_fos_mc
local mini_zoneid_mc
local mini_z_xpos_mc
local mini_z_ypos_mc
local mini_z_zpos_mc
local mini_sigma1_mc
local mini_sigma2_mc
local mini_sigma3_mc
local mini_cohe_mc
local mini_fric_mc
local mini_tens_mc
local file_mc
local mini_groupname_mc
local mini_ensile_state_mc
;德鲁克-布拉格屈服准则
local mini_fos_dp
local mini_zoneid_dp
local mini_z_xpos_dp
local mini_z_ypos_dp
local mini_z_zpos_dp
local mini_sigma1_dp
local mini_sigma2_dp
local mini_sigma3_dp
local mini_cohe_dp
local mini_fric_dp
local mini_tens_dp
local file_dp
local mini_groupname_dp
local mini_ensile_state_dp
;最大拉应力准则
local mini_fos_ten
local mini_zoneid_ten
local mini_z_xpos_ten
local mini_z_ypos_ten
local mini_z_zpos_ten
local mini_sigma1_ten
```

```
local mini_sigma2_ten
local mini_sigma3_ten
local mini_cohe_ten
local mini_fric_ten
local mini_tens_ten
local file_ten
local mini_groupname_ten
local mini_ensile_state_ten
local mini_fos_co
local mini_zoneid_co
local mini_z_xpos_co
local mini_z_ypos_co
local mini_z_zpos_co
local mini_sigma1_co
local mini_sigma2_co
local mini_sigma3_co
local mini_cohe_co
local mini_fric_co
local mini_tens_co
local file_co
local mini_groupname_co
local mini_ensile_state_co

local temp
local chblk='     '
array buf_filename(1)
array buf_title(1)
array buf_title_mini_mc(1)
array buf_title_mini_dp(1)
array buf_title_mini_ten(1)
array buf_title_mini_co(1)

array buf_mini_mc(1)
array buf_mini_dp(1)
array buf_mini_ten(1)
array buf_mini_co(1)
array z_fos(100000)

;global IO_APPENDED=2
;global IO_OVERWRITE=1
;global IO_ASCII=1

i=1
mini_fos_mc=1.0e6
mini_fos_dp=1.0e6
mini_fos_ten=1.0e6
mini_fos_co=1.0e6
loop while znpnt # null
```

```
    skip_flag=1                                 ;若为非搜索区,则跳一位

  section
        str_groupname=z_group(znpnt)            ;获取当前的单元组名
        if str_groupname=str_group1 then
           skip_flag=0                          ;搜索命中群组 1
        endif

        if str_groupname=str_group2 then
           skip_flag=0                          ;搜索命中群组 2
        endif

        if str_groupname=str_group4 then
           skip_flag=0                          ;搜索命中群组 4  右隧道填充（未开挖）
        endif

        if str_groupname=str_group5 then
           skip_flag=0                          ;搜索命中群组 5
        endif
        if str_groupname=str_group6 then
           skip_flag=0                          ;搜索命中群组 6
        endif

     if skip_flag=1 then                        ;都未命中,则退出 section
        exit section
     endif

     zoneid=z_id(znpnt)
     z_coh=z_prop(znpnt,'cohesion')             ;单元的黏聚力
     z_fric=z_prop(znpnt,'friction')            ;单元的内摩擦角
     z_ten=z_prop(znpnt,'tension' )             ;单元的抗拉强度

     ;z_sxx(znpnt)                              ;单元的 sxx
     ;z_sxy(znpnt)                              ;单元的 sxy
     ;z_sxz(znpnt)                              ;单元的 sxz
     ;z_syy(znpnt)                              ;单元的 syy
     ;z_syz(znpnt)                              ;单元的 syz
     ;z_szz(znpnt)                              ;单元的 szz

    sigma1=z_sig1(znpnt)                        ;最大主应力
    sigma2=z_sig2(znpnt)                        ;中间主应力
    sigma3=z_sig3(znpnt)                        ;最小主应力

    cosf=cos(z_fric*pi/180.0)
    sinf=sin(z_fric*pi/180.0)

    ;莫尔-库仑屈服准则
    stress_resis=z_coh*cosf-0.5*(sigma1+sigma3)*sinf
```

```
stress_current=0.5*(sigma3-sigma1)
fos_mc=stress_resis/stress_current                    ;获得单元稳定系数


; 德鲁克-布拉格屈服准则
;II=sigma1+sigma2+sigma3
;JJ=((sigma1-sigma2)^2+(sigma2-sigma3)^2+(sigma3-sigma1)^2)/6.0
;KK=(6.0*z_coh*cosf)/(sqrt(3.0)*(3.0-sinf))
;alpha=(2.0*sinf)/(sqrt(3.0)*(3.0-sinf))


; 德鲁克-布拉格准则
II=-1.0*(sigma1+sigma2+sigma3)
JJ=((sigma1-sigma2)^2+(sigma2-sigma3)^2+(sigma3-sigma1)^2)/6.0
KK=(3.0*z_coh*cosf)/(sqrt(3.0)*(3.0+sinf*sinf))
alpha=sinf/(sqrt(3.0)*(3.0+sinf*sinf))

stress_resis=KK-alpha*II
stress_current=sqrt(JJ)
fos_dp=stress_resis/stress_current                    ;获得单元稳定系数

    ;最大拉应力准则
    if (sigma1+simgma2+sigma3) >= 0.0 then   ;受拉状态
        fos_ten=z_ten/sigma3
    else                                     ;当受压状态时无意义,特将稳定系数标记为一个大值,例如 100
    fos_ten=100
endif

;sigma1+simgma2+sigma3>0 预示着 zone 总体上受拉（拉为正）
if (sigma1+simgma2+sigma3) >= 0.0 then
fos_co=fos_ten                                        ;拉破坏
      is_tensile=1                                    ;总体受拉
else
        fos_co=fos_mc
                is_tensile=0
endif

z_xpos=z_xcen(znpnt)
z_ypos=z_ycen(znpnt)
z_zpos=z_zcen(znpnt)

curr_state_any=z_state(znpnt,0)
curr_state_ave=z_state(znpnt,1)

stable_any=0
shear_now_any=0
tension_now_any=0
shear_past_any=0
```

```
tension_past_any=0
caseof curr_state_any
        stable_any=-1
        case 0
            stable_any=1
        case 1
            shear_now_any=1
        case 2
            tension_now_any=1
        case 3
            shear_now_any=1
            tension_now_any=1
        case 4
            shear_past_any=1
        case 5
            shear_now_any=1
            shear_past_any=1
        case 6
            tension_now_any=1
            shear_past_any=1
        case 7
            shear_now_any=1
            tension_now_any=1
            shear_past_any=1
        case 8
            tension_past_any=1
        case 9
            shear_now_any=1
            tension_past_any=1
        case 10
            tension_now_any=1
            tension_past_any=1
        case 11
            shear_now_any=1
            tension_now_any=1
            tension_past_any=1
        case 12
            shear_past_any=1
            tension_past_any=1
        case 13
            shear_now_any=1
            shear_past_any=1
            tension_past_any=1
        case 14
            tension_now_any=1
            shear_past_any=1
            tension_past_any=1
        case 15
            shear_now_any=1
```

```
                tension_now_any=1
                shear_past_any=1
                tension_past_any=1
endcase

    stable_ave=0
    shear_now_ave=0
    tension_now_ave=0
    shear_past_ave=0
    tension_past_ave=0
    caseof curr_state_ave
            stable_ave=-1
            case 0
                stable_ave=1 ; 未破坏
            case 1
                shear_now_ave=1
            case 2
                tension_now_ave=1
            case 3
                shear_now_ave=1
                tension_now_ave=1
            case 4
                shear_past_ave=1
            case 5
                shear_now_ave=1
                shear_past_ave=1
            case 6
                tension_now_ave=1
                shear_past_ave=1
            case 7
                shear_now_ave=1
                tension_now_ave=1
                shear_past_ave=1
            case 8
                tension_past_ave=1
            case 9
                shear_now_ave=1
                tension_past_ave=1
            case 10
                tension_now_ave=1
                tension_past_ave=1
            case 11
                shear_now_ave=1
                tension_now_ave=1
                tension_past_ave=1
            case 12
                shear_past_ave=1
                tension_past_ave=1
            case 13
```

```
                shear_now_ave=1
                shear_past_ave=1
                tension_past_ave=1
            case 14
                tension_now_ave=1
                shear_past_ave=1
                tension_past_ave=1
            case 15
                shear_now_ave=1
                tension_now_ave=1
                shear_past_ave=1
                tension_past_ave=1
endcase

   z_fos(i)=str_groupname + chblk + string(zoneid) + chblk
   z_fos(i)=z_fos(i) + string(z_xpos) + chblk + string(z_ypos) + chblk + string(z_zpos) + chblk
   z_fos(i)=z_fos(i) + string(sigma1) + chblk + string(sigma2) + chblk + string(sigma3) + chblk
   z_fos(i)=z_fos(i) + string(z_coh) + chblk + string(z_fric) + chblk + string(z_ten) + chblk
   z_fos(i)=z_fos(i) + string(stable_any) + chblk + string(shear_now_any) + chblk
   z_fos(i)=z_fos(i) + string(tension_now_any) + chblk + string(shear_past_any) + chblk
   z_fos(i)=z_fos(i) + string(tension_past_any) + chblk + string(stable_ave) + chblk
   z_fos(i)=z_fos(i) + string(shear_now_ave) + chblk + string(tension_now_ave) + chblk
   z_fos(i)=z_fos(i) + string(shear_past_ave) + chblk + string(tension_past_ave) + chblk
   z_fos(i)=z_fos(i) + string(is_tensile) + chblk + string(fos_mc) + chblk +string(fos_dp) + chblk
   z_fos(i)=z_fos(i) + string(fos_ten) + chblk + string(fos_co)

 if fos_mc < mini_fos_mc then
   mini_fos_mc=fos_mc
   mini_z_xpos_mc=z_xpos
   mini_z_ypos_mc=z_ypos
   mini_z_zpos_mc=z_zpos
   mini_zoneid_mc=zoneid
   mini_sigma1_mc=sigma1
   mini_sigma2_mc=sigma2
   mini_sigma3_mc=sigma3
   mini_cohe_mc=z_coh
   mini_fric_mc=z_fric
   mini_tens_mc=z_ten
   mini_groupname_mc=str_groupname
   mini_ensile_state_mc=is_tensile
 endif

 if fos_dp < mini_fos_dp then
   mini_fos_dp=fos_dp
   mini_z_xpos_dp=z_xpos
```

```
    mini_z_ypos_dp=z_ypos
    mini_z_zpos_dp=z_zpos
    mini_zoneid_dp=zoneid
    mini_sigma1_dp=sigma1
    mini_sigma2_dp=sigma2
    mini_sigma3_dp=sigma3
    mini_cohe_dp=z_coh
    mini_fric_dp=z_fric
    mini_tens_dp=z_ten
    mini_groupname_dp=str_groupname
    mini_ensile_state_dp=is_tensile
endif

 if fos_ten < mini_fos_ten then
    mini_fos_ten=fos_ten
    mini_z_xpos_ten=z_xpos
    mini_z_ypos_ten=z_ypos
    mini_z_zpos_ten=z_zpos
    mini_zoneid_ten=zoneid
    mini_sigma1_ten=sigma1
    mini_sigma2_ten=sigma2
    mini_sigma3_ten=sigma3
    mini_cohe_ten=z_coh
    mini_fric_ten=z_fric
    mini_tens_ten=z_ten
    mini_groupname_ten=str_groupname
    mini_ensile_state_ten=is_tensile
endif

 if fos_co < mini_fos_co then
    mini_fos_co=fos_co
    mini_z_xpos_co=z_xpos
    mini_z_ypos_co=z_ypos
    mini_z_zpos_co=z_zpos
    mini_zoneid_co=zoneid
    mini_sigma1_co=sigma1
    mini_sigma2_co=sigma2
    mini_sigma3_co=sigma3
    mini_cohe_co=z_coh
    mini_fric_co =z_fric
    mini_tens_co =z_ten
    mini_groupname_co=str_groupname
    mini_ensile_state_co=is_tensile
endif
i=i+1
    oo=out('NO.' + string(i) + 'Done!')
endsection
    znpnt=z_next(znpnt)
```

```
endloop

buf_mini_mc(1)=current_filename + chblk + mini_groupname_mc + chblk + string(mini_zoneid_mc) + chblk
buf_mini_mc(1)=buf_mini_mc(1)+ string(mini_z_xpos_mc) + chblk + string (mini_z_ypos_mc)+chblk
buf_mini_mc(1)=buf_mini_mc(1)+ string(mini_z_zpos_mc) + chblk + string (mini_sigma1_mc)+chblk
buf_mini_mc(1)=buf_mini_mc(1)+ string(mini_sigma2_mc) + chblk + string (mini_sigma3_mc)+chblk
buf_mini_mc(1)=buf_mini_mc(1)+ string(mini_cohe_mc) + chblk + string (mini_fric_mc) + chblk
buf_mini_mc(1)=buf_mini_mc(1)+ string(mini_tens_mc)+chblk + string (mini_ensile_state_mc) + chblk
buf_mini_mc(1)=buf_mini_mc(1)+ string(mini_fos_mc)

buf_mini_dp(1)=current_filename + chblk + mini_groupname_dp + chblk + string(mini_zoneid_dp) + chblk
buf_mini_dp(1)=buf_mini_dp(1)+ string(mini_z_xpos_dp) + chblk + string (mini_z_ypos_dp)+chblk
buf_mini_dp(1)=buf_mini_dp(1)+ string(mini_z_zpos_dp) + chblk + string (mini_sigma1_dp)+chblk
buf_mini_dp(1)=buf_mini_dp(1)+ string(mini_sigma2_dp) + chblk + string (mini_sigma3_dp)+chblk
buf_mini_dp(1)=buf_mini_dp(1)+ string(mini_cohe_dp) + chblk + string (mini_fric_dp) + chblk
buf_mini_dp(1)=buf_mini_dp(1)+ string(mini_tens_dp)+chblk + string (mini_ensile_state_dp) + chblk
buf_mini_dp(1)=buf_mini_dp(1)+ string(mini_fos_dp)

buf_mini_ten(1)=current_filename + chblk + mini_groupname_ten + chblk + string(mini_zoneid_ten) + chblk
buf_mini_ten(1)=buf_mini_ten(1)+ string(mini_z_xpos_ten) + chblk + string (mini_z_ypos_ten)+chblk
buf_mini_ten(1)=buf_mini_ten(1)+ string(mini_z_zpos_ten) + chblk + string (mini_sigma1_ten)+chblk
buf_mini_ten(1)=buf_mini_ten(1)+ string(mini_sigma2_ten) + chblk + string (mini_sigma3_ten)+chblk
buf_mini_ten(1)=buf_mini_ten(1)+ string(mini_cohe_ten) + chblk + string (mini_fric_ten) + chblk
buf_mini_ten(1)=buf_mini_ten(1)+ string(mini_tens_ten)+chblk + string (mini_ensile_state_ten) + chblk
buf_mini_ten(1)=buf_mini_ten(1)+ string(mini_fos_ten)

buf_mini_co(1)=current_filename + chblk + mini_groupname_co + chblk + string (mini_zoneid_co) + chblk
buf_mini_co(1)=buf_mini_co(1)+ string(mini_z_xpos_co) + chblk + string (mini_z_ypos_co)+chblk
buf_mini_co(1)=buf_mini_co(1)+ string(mini_z_zpos_co) + chblk + string (mini_sigma1_co)+chblk
buf_mini_co(1)=buf_mini_co(1)+ string(mini_sigma2_co) + chblk + string (mini_sigma3_co)+chblk
buf_mini_co(1)=buf_mini_co(1)+ string(mini_cohe_co) + chblk + string (mini_fric_co) + chblk
buf_mini_co(1)=buf_mini_co(1)+ string(mini_tens_co)+chblk + string (is_tensile) + chblk
buf_mini_co(1)=buf_mini_co(1)+ string(mini_fos_co)


;准备输出的标题
buf_filename(1)=current_filename
buf_title(1)='Group    ZoneID    Xpos  Ypos  Zpos  sigma1    sigma2    sigma3    cohe    fric    tension
   StableAny   ShearNowAny    TensionNowAny'
buf_title(1)=buf_title(1)+ 'ShearPastAny   TensionPastAny    StableAve   ShearNowAve    TensionNowAve
  ShearPastAve    TensionPastAve'
buf_title(1)=buf_title(1)+ 'is_tensile fos_mc    fos_dp    fos_ten    fos_co'

;buf_title_mini_mc(1)='filename    Group    ZoneID  Xpos  Ypos  Zpos  sigma1    sigma2    sigma3    cohe
  fric   tension    is_tensile    mini_fos_mc'
;buf_title_mini_dp(1)='filename    Group    ZoneID  Xpos  Ypos  Zpos  sigma1    sigma2    sigma3    cohe
  fric   tension    is_tensile    mini_fos_dp'
;buf_title_mini_ten(1)='filename    Group    ZoneID  Xpos  Ypos  Zpos  sigma1    sigma2    sigma3    cohe
  fric   tension    is_tensile    mini_fos_ten'
```

```
;buf_title_mini_co(1)='filename    Group    ZoneID  Xpos  Ypos  Zpos  sigma1      sigma2      sigma3      cohe
    fric    tension       is_tensile    mini_fos_co'


filename_fos=current_filename + '_fos(by4-5-1).txt'
status=close
status=open(filename_fos,IO_OVERWRITE,IO_ASCII)
if status=0 then
    status=write(buf_filename,1)      ;第一行书写文件名
    status=write(buf_title,1)         ;第二行书写标题
    status=write(z_fos,i-1)           ;第三行书写数据,实际上,只有 i-1 行数据
    status=close
endif

;输出莫尔-库仑屈服准则下最小稳定系数的单元
status=close
status=open('mini_zone_fos_mc(by4-5).txt',IO_APPENDED,IO_ASCII)
if status=0 then
    status=write(buf_mini_mc,1)
    status=close
endif

;输出德鲁克-布拉格屈服准则下最小稳定系数的单元
status=close
status=open('mini_zone_fos_dp(by4-5).txt',IO_APPENDED,IO_ASCII)
if status=0 then
    status=write(buf_mini_dp,1)
    status=close
endif

;输出最大拉应力准则下最小稳定系数的单元
status=close
status=open('mini_zone_fos_ten(by4-5).txt',IO_APPENDED,IO_ASCII)
if status=0 then
    status=write(buf_mini_ten,1)
    status=close
endif


;输出三种准则下的最小稳定系数的单元
status=close
status=open('mini_zone_fos_co(by4-5).txt',IO_APPENDED,IO_ASCII)
if status=0 then
        status=write(buf_mini_co,1)
        status=close
endif

oo= lose_array(buf_filename)                      ;释放内存
```

```
    oo= lose_array(buf_title)                    ;释放内存
    oo= lose_array(buf_title_mini_mc)            ;释放内存
    oo= lose_array(buf_title_mini_dp)            ;释放内存
    oo= lose_array(buf_title_mini_ten)           ;释放内存
    oo= lose_array(buf_title_mini_co)            ;释放内存

    oo= lose_array(buf_mini_mc)                  ;释放内存
    oo= lose_array(buf_mini_dp)                  ;释放内存
    oo= lose_array(buf_mini_ten)                 ;释放内存
    oo= lose_array(buf_mini_co)                  ;释放内存
    oo= lose_array(z_fos)                        ;释放内存

end
@search_minimal_z_fos
```

2. 输出函数

依次读取系统所保存的状态文件，通过驱动 search_minimal_z_fos 函数，获取 0～20 s 动力反应期间最小稳定系数序列及发育位置，程序如下。

```
new
def write_filehead
    global IO_APPENDED=2
    global IO_OVERWRITE=1
    global IO_ASCII=1
    array buf_mini_mc(1)
    array buf_mini_dp(1)
    array buf_mini_ten(1)
    array buf_mini_co(1)
    buf_mini_mc(1)='filename    Group    ZoneID  Xpos  Ypos  Zpos  sigma1    sigma2    sigma3    cohe  fric
      tension    is_tensile    mini_fos_mc'
    buf_mini_dp(1)='filename    Group    ZoneID  Xpos  Ypos  Zpos  sigma1    sigma2    sigma3    cohe  fric
      tension    is_tensile    mini_fos_dp'
    buf_mini_ten(1)='filename   Group    ZoneID  Xpos  Ypos  Zpos  sigma1    sigma2    sigma3    cohe  fric
      tension    is_tensile    mini_fos_ten'
    buf_mini_co(1)='filename    Group    ZoneID  Xpos  Ypos  Zpos  sigma1    sigma2    sigma3    cohe  fric
      tension    is_tensile    mini_fos_co'

    ;输出莫尔-库仑屈服准则下最小稳定系数的单元
    status=close
    status=open('mini_zone_fos_mc(by4-5).txt',IO_OVERWRITE,IO_ASCII)
    if status=0 then
          status=write(buf_mini_mc,1)
          status=close
    endif

    ;输出德鲁克-布拉格屈服准则下最小稳定系数的单元
    status=close
    status=open('mini_zone_fos_dp(by4-5).txt',IO_OVERWRITE,IO_ASCII)
```

```
    if status=0 then
        status=write(buf_mini_dp,1)
        status=close
    endif

    ; 输出最大拉应力准则下最小稳定系数的单元
    status=close
    status=open('mini_zone_fos_ten(by4-5).txt',IO_OVERWRITE,IO_ASCII)
    if status=0 then
        status=write(buf_mini_ten,1)
        status=close
    endif

    ;输出三种准则下的最小稳定系数的单元
    status=close
    status=open('mini_zone_fos_co(by4-5).txt',IO_OVERWRITE,IO_ASCII)
    if status=0 then
        status=write(buf_mini_co,1)
        status=close
    endif

end
@write_filehead

res ImpactMode4_SoftRock_LD5%_EqHis_0.000.sav
call ImpactMode4_tunnel_4-5-1_fun_sorting_SingleTunnel.txt

res ImpactMode4_SoftRock_LD5%_EqHis_0.125.sav
call ImpactMode4_tunnel_4-5-1_fun_sorting_SingleTunnel.txt

;……
res ImpactMode4_SoftRock_LD5%_EqHis_20.000.sav
call ImpactMode4_tunnel_4-5-1_fun_sorting_SingleTunnel.txt
```

6.5.6 输出指定点的瞬时稳定系数时程

1. 搜寻函数

搜索定期应力场条件下，指定坐标点位置的单元，评估其稳定系数，程序如下。

```
;搜索指定坐标点位置的稳定系数
def global_setting
    global current_filename=filesave
    global IO_APPENDED=2
    global IO_OVERWRITE=1
    global IO_ASCII=1

    local len_str
```

```
    len_str=strlen(current_filename)-4
    current_filename=substr( current_filename,1,len_str )

end
@global_setting

def locating_z_fos_by_centroidXYZ

    local given_centroid_x=388.894          ; 给出形心的 x 坐标
    local given_centroid_y=-0.15            ; 给出形心的 y 坐标
    local given_centroid_z=1119.4           ; 给出形心的 z 坐标
    local toleration_x=1.0e-3
    local toleration_y=1.0e-2
    local toleration_z=1.0e-1

    local str_group1='1'                    ;限制只搜索群组 1
    local str_group2='2'                    ;限制只搜索群组 2
    local str_groupname                     ;当前的组号
    local skip_flag=1                       ;设真值为 1

    local flag_coor_x
    local flag_coor_y
    local flag_coor_z
    local counter=0
    ;local testvalue1=1e6
    ;local testvalue2=1e6
    ;local testvalue3=1e6

    local locat_z_xpos
    local locat_z_ypos
    local locat_z_zpos
    local locat_sigma1
    local locat_sigma2
    local locat_sigma3
    local locat_z_coh
    local locat_z_fric
    local locat_z_ten
    local locat_fos_mc
    local locat_fos_dp
    local locat_fos_co

    local zoneid
    local gpid
    local p_z_counter

    local gppnt=gp_head
    local zonepnt=zone_head

    local z_coh
```

```
local z_fric
local z_ten

local sigma1
local sigma2
local sigma3
local stress_resis
local stress_current
local fos_mc
local fos_dp
local fos_co
local II
local JJ
local KK
local alpha
local sinf
local cosf

;global current_filename

local temp
local chr_blank='        '
array buf_mc(1)
array buf_dp(1)
array buf_co(1)

;global IO_APPENDED=2
;global IO_OVERWRITE=1
;global IO_ASCII=1

i=1

loop while zonepnt # null


 loop while skip_flag=1
    skip_flag=0
    str_groupname=z_group(zonepnt)
    if str_groupname # str_group1 then
        if str_groupname # str_group2 then
                zonepnt=z_next(zonepnt)
            skip_flag=1                          ;如果不是搜索区,则跳一位
        endif
    endif
 endloop

    zoneid=z_id(zonepnt)

 z_xpos=z_xcen(zonepnt)
```

```
z_ypos=z_ycen(zonepnt)
z_zpos=z_zcen(zonepnt)

z_coh=z_prop(zonepnt,'cohesion')                ;单元的黏聚力
z_fric=z_prop(zonepnt,'friction')               ;单元的内摩擦角
z_ten=z_prop(zonepnt,'tension' )                ;单元的抗拉强度

sigma1=-1.0*z_sig1(zonepnt)                     ;最大主应力
sigma2=-1.0*z_sig2(zonepnt)                     ;中间主应力
sigma3=-1.0*z_sig3(zonepnt)                     ;最小主应力

;sigma3=-1.0*z_sig1(zonepnt)                    ;最大主应力
;sigma2=-1.0*z_sig2(zonepnt)                    ;中间主应力
;sigma1=-1.0*z_sig3(zonepnt)                    ;最小主应力

;
if sigma3 > sigma2 then
   temp=sigma2
       sigma2=sigma3
   sigma3=temp
endif
if sigma2 > sigma1 then
   temp=sigma1
       sigma1=sigma2
   sigma2=temp
endif

cosf=cos(z_fric*pi/180.0)
sinf=sin(z_fric*pi/180.0)

;莫尔-库仑屈服准则
stress_resis=z_coh*cosf+0.5*(sigma1+sigma3)*sinf
stress_current=0.5*(sigma1-sigma3)
fos_mc=stress_resis/stress_current              ;获得单元稳定系数

;德鲁克-布拉格屈服准则
II=sigma1+sigma2+sigma3
JJ=((sigma1-sigma2)^2+(sigma2-sigma3)^2+(sigma3-sigma1)^2)/6.0
KK=(6.0*z_coh*cosf)/(sqrt(3.0)*(3.0-sinf))
alpha=(2.0*sinf)/(sqrt(3.0)*(3.0-sinf))
stress_resis=KK-alpha*II
stress_current=sqrt(JJ)
fos_dp=stress_resis/stress_current              ; 获得单元稳定系数


if z_sig3(zonepnt) > z_ten then                 ;如果 sigma3 (拉为正) 大于抗拉强度
   fos_mc=0.0                                   ;标记为 0
   fos_dp=0.0                                   ;标记为 0
endif
```

```
if z_sig2(zonepnt) > z_ten then                  ;如果 sigma2 (拉为正) 大于抗拉强度
    fos_mc=0.0                                   ;标记为 0
   fos_dp=0.0                                    ;标记为 0
endif

if z_sig1(zonepnt) > z_ten then                  ;如果 sigma1 (拉为正) 大于抗拉强度
    fos_mc=0.0                                   ;标记为 0
         fos_dp=0.0                              ;标记为 0
endif

;组合
if fos_mc < fos_dp                               ;将 mc 准则和 dp 准则中的最小值,存入 fos_co
    fos_co=fos_mc
   else
   fos_co=fos_dp
endif

flag_coor_x=abs(given_centroid_x-z_xpos)
flag_coor_y=abs(given_centroid_y-z_ypos)
flag_coor_z=abs(given_centroid_z-z_zpos)

if flag_coor_x < toleration_x then               ;当前 x 坐标
   if flag_coor_y < toleration_y then            ;当前 y 坐标
       if flag_coor_z < toleration_z then        ;当前 z 坐标
                    locat_z_xpos=z_xpos
                    locat_z_ypos=z_ypos
                    locat_z_zpos=z_zpos
                    locat_sigma1=sigma1
                    locat_sigma2=sigma2
                    locat_sigma3=sigma3
                    locat_z_coh =z_coh
                    locat_z_fric=z_fric
                    locat_z_ten=z_ten
                    locat_fos_mc=fos_mc
                    locat_fos_dp=fos_dp
                    locat_fos_co=fos_co

                    counter=counter +1

                    ;testvalue1=flag_coor_z
                    ;testvalue2=given_centroid_z
                    ;testvalue3=z_zpos

         endif
  endif

endif
```

```
  oo=out('NO.' + string(i) + 'Done!')
  zonepnt=z_next(zonepnt)
  i=i+1
endloop

buf_mc(1)=current_filename
buf_mc(1)=buf_mc(1) + chr_blank + string(locat_z_xpos) + chr_blank+ string(locat_z_ypos)+chr_blank
buf_mc(1)=buf_mc(1)+string(locat_z_zpos)+chr_blank
buf_mc(1)=buf_mc(1)+string(locat_sigma1)+chr_blank+string(locat_sigma2)+chr_blank+string(locat_sigma3)+chr_blank
buf_mc(1)=buf_mc(1)+string(locat_z_coh)+chr_blank+string(locat_z_fric)+chr_blank+string(locat_z_ten)+chr_blank
buf_mc(1)=buf_mc(1)+ string(locat_fos_mc)


buf_dp(1)=current_filename
buf_dp(1)=buf_dp(1) + chr_blank + string(locat_z_xpos) + chr_blank+ string(locat_z_ypos)+chr_blank
buf_dp(1)=buf_dp(1) + string(locat_z_zpos)+chr_blank
buf_dp(1)=buf_dp(1)+string(locat_sigma1)+chr_blank+string(locat_sigma2)+chr_blank+string(locat_sigma3)+chr_blank
buf_dp(1)=buf_dp(1)+string(locat_z_coh)+chr_blank+string(locat_z_fric)+chr_blank +string(locat_z_ten)+chr_blank
buf_dp(1)=buf_dp(1)+ string(locat_fos_dp)

buf_co(1)=current_filename
buf_co(1)=buf_co(1) + chr_blank + string(locat_z_xpos) + chr_blank+ string(locat_z_ypos)+chr_blank
buf_co(1)=buf_co(1) + string(locat_z_zpos)+chr_blank
buf_co(1)=buf_co(1)+string(locat_sigma1)+chr_blank+string(locat_sigma2)+chr_blank+string(locat_sigma3)+chr_blank
buf_co(1)=buf_co(1)+string(locat_z_coh)+chr_blank+string(locat_z_fric)+chr_blank+string(locat_z_ten)+chr_blank
buf_co(1)=buf_co(1)+ string(locat_fos_co)

status=close
status=open('loca_zone_fos_mc.txt',IO_APPENDED,IO_ASCII)
if status=0 then
       status=write(buf_mc,1)
       status=close
endif

status=close
status=open('loca_zone_fos_dp.txt',IO_APPENDED,IO_ASCII)
if status=0 then
       status=write(buf_dp,1)
       status=close
endif

status=close
status=open('loca_zone_fos_co.txt',IO_APPENDED,IO_ASCII)
if status=0 then
       status=write(buf_co,1)
       status=close
endif
```

```
end
@locating_z_fos_by_centroidXYZ
```

2. 输出函数

依次导入不同时刻的系统应力场状态，通过驱动 locating_z_fos_by_centroidXYZ 函数，获取 0～20 s 动力反应期间指定坐标点位置单元的稳定系数，程序如下。

```
;给定中心点坐标,求对应的单元稳定系数时程
new
def write_filehead
    global IO_APPENDED=2
    global IO_OVERWRITE=1
    global IO_ASCII=1
    array buf_mc(1)
    array buf_dp(1)
    array buf_co(1)
    buf_mc(1)='filename   Xpos  Ypos  Zpos  sigma1      sigma2      sigma3      cohe  fric    tension     fos_mc'
    buf_dp(1)='filename   Xpos  Ypos  Zpos  sigma1      sigma2      sigma3      cohe  fric    tension     fos_dp'
    buf_co(1)='filename   Xpos  Ypos  Zpos  sigma1      sigma2      sigma3      cohe  fric    tension     fos_co'

    status=close
    status=open('loca_zone_fos_mc.txt',IO_OVERWRITE,IO_ASCII)
    if status=0 then
        status=write(buf_mc,1)
        status=close
    endif

    status=close
    status=open('loca_zone_fos_dp.txt',IO_OVERWRITE,IO_ASCII)
    if status=0 then
        status=write(buf_dp,1)
        status=close
    endif

    status=close
    status=open('loca_zone_fos_co.txt',IO_OVERWRITE,IO_ASCII)
    if status=0 then
        status=write(buf_co,1)
        status=close
    endif

end
@write_filehead

res z1225_debris_FF_MDSize_tunnel_8g_LD5%_EqHis_0.000.sav
call madalin_tunnel4-6-1_fun_locating.txt
```

```
res z1225_debris_FF_MDSize_tunnel_8g_LD5%_EqHis_0.125.sav
call madalin_tunnel4-6-1_fun_locating.txt

; ……
res z1225_debris_FF_MDSize_tunnel_8g_LD5%_EqHis_20.000.sav
call madalin_tunnel4-6-1_fun_locating.txt
```

6.6 本章小结

本章介绍了基于 FLAC3D 的动力分析程序设计，以实现第 3～5 章提出的各项算法，包括泥石流冲击荷载模型在 FLAC3D 上的实现，以及进行动力模拟的各项细节（初始化、用户自定义函数、阻尼设置、边界条件、监测点的布置、等时距采样等），并通过后处理的方式获取各种动态响应物理量场（位移、速度、加速度、应力、应变等），详细展示了如何对瞬时点稳定系数等抽象物理量进行深度定制，并伴随动力分析的全过程。这一伴随变量的设计思想和实现细节对 FLAC3D 解决其他领域的分析问题也有启示意义。

第7章

综合案例分析

7.1 马达岭地质灾害概况

7.1.1 研究区地理位置

马达岭地质灾害区位于贵州省都匀市江州镇富溪村，与都匀市的直线距离约为24 km，位于青山煤矿矿区范围内。地理坐标为东经 107° 17′48″，北纬 26° 11′01″。隐患区有矿山公路直达，但路况差，交通不便。

马达岭研究区发育多期次的崩塌、滑坡和泥石流灾害，对在建的都匀至安顺高速公路（都安高速）的线路产生潜在影响。研究区与都安高速线路的水平距离为 1 100～1 120 m，位于线路正北方，山体植被发育，地形起伏，中间冲沟相隔，冲沟中孤峰发育。滑坡对应线路的桩号为 K49+900～K50+935，线路在该区域主要以隧道形式通过，对应的桩号为 K50+035～K50+935，长度为 900 m，剩余部分以路基形式通过，长度为 135m。马达岭滑坡地理位置见图 7.1。

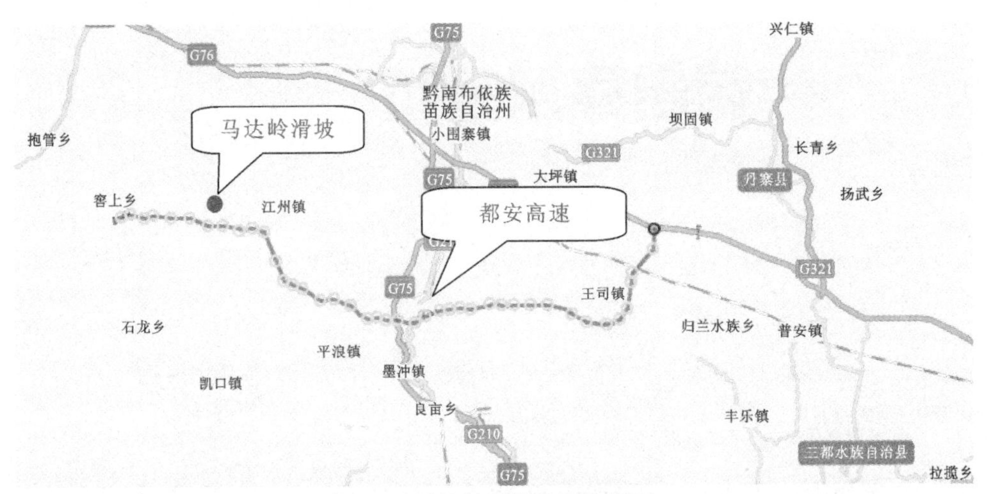

图 7.1 马达岭滑坡地理位置图

7.1.2 滑坡与泥石流灾害概况

马达岭地质灾害区位于扬子准地台黔南台陷贵定南北向构造变形区，属溶蚀侵蚀低中山-丘陵地貌，地势北高南低，分布峰丛、槽谷地形。由于采煤形成的采空区塌落大大降低了缓倾岩质边坡的稳定性，在降雨触发下，区内分别于 2003 年、2006 年和 2007 年发生三次崩滑，并于 2006 年暴发泥石流，直至形成目前的堆积状态。该滑坡已有大量文献研究（赵建军 等，2020，2016a，2016b，2014；郭将 等，2018；史文兵，2016；肖建国，2014；崔文博 等，2013；王玉川，2013；王玉川 等，2013a，2013b）。

根据斜坡变形破坏特征，将研究区分为四个部分：马达岭滑坡隐患区 1（DY208-1）、马达岭滑坡隐患区 2（DY208-2）、HP1 滑坡（已滑动）和 NSL1 泥石流。其中，NSL1 泥石流为 HP1 滑坡形成后，滑坡堆积体经降雨搬运后形成的。无人机航拍图如图 7.2 所示，空间分布展示见图 7.3，三维正视图见图 7.4，三维俯视图见图 7.5，滑坡与线路的关系见图 7.6。

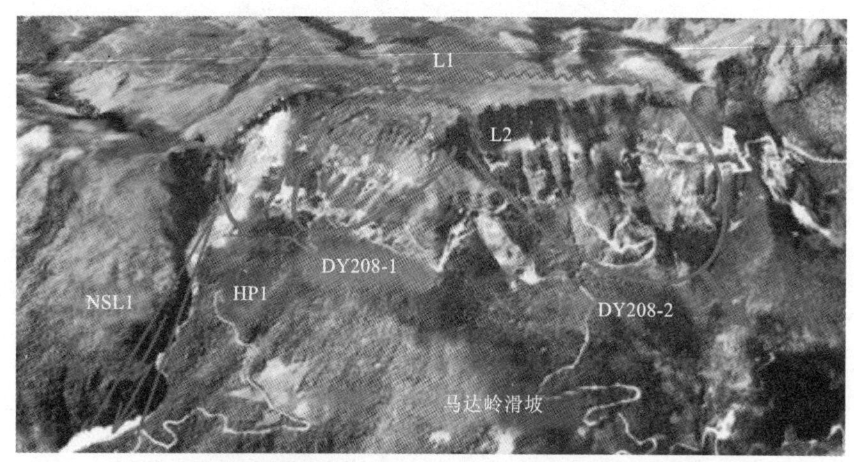

扫一扫　看彩图

图 7.2　马达岭滑坡航拍图（贵州省地质环境监测院，2012）

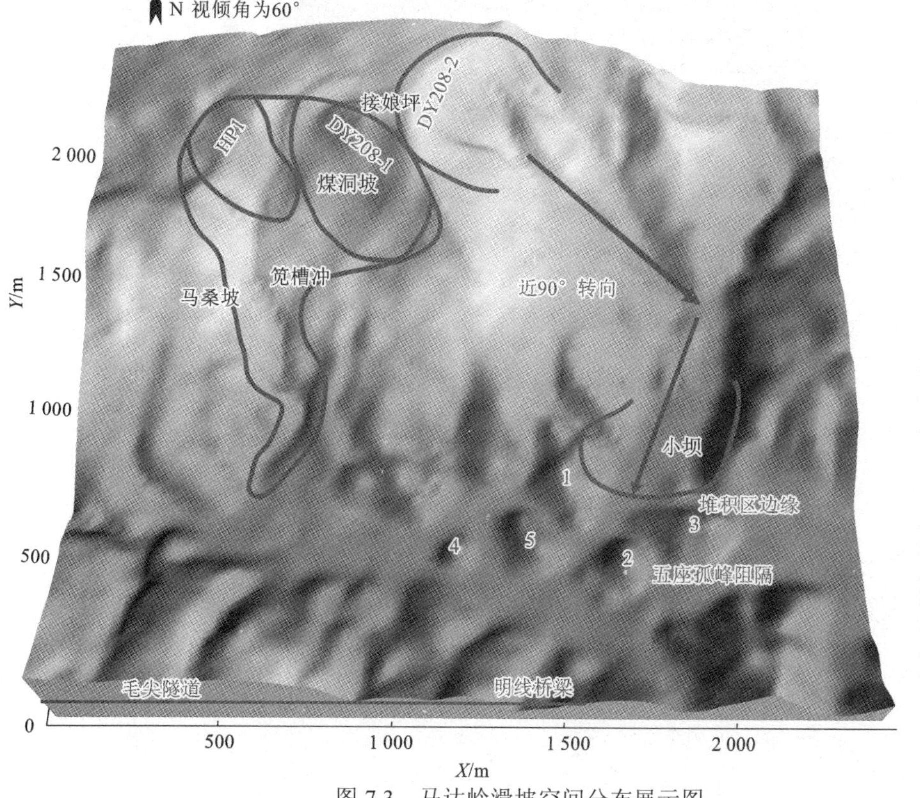

扫一扫　看彩图

图 7.3　马达岭滑坡空间分布展示图

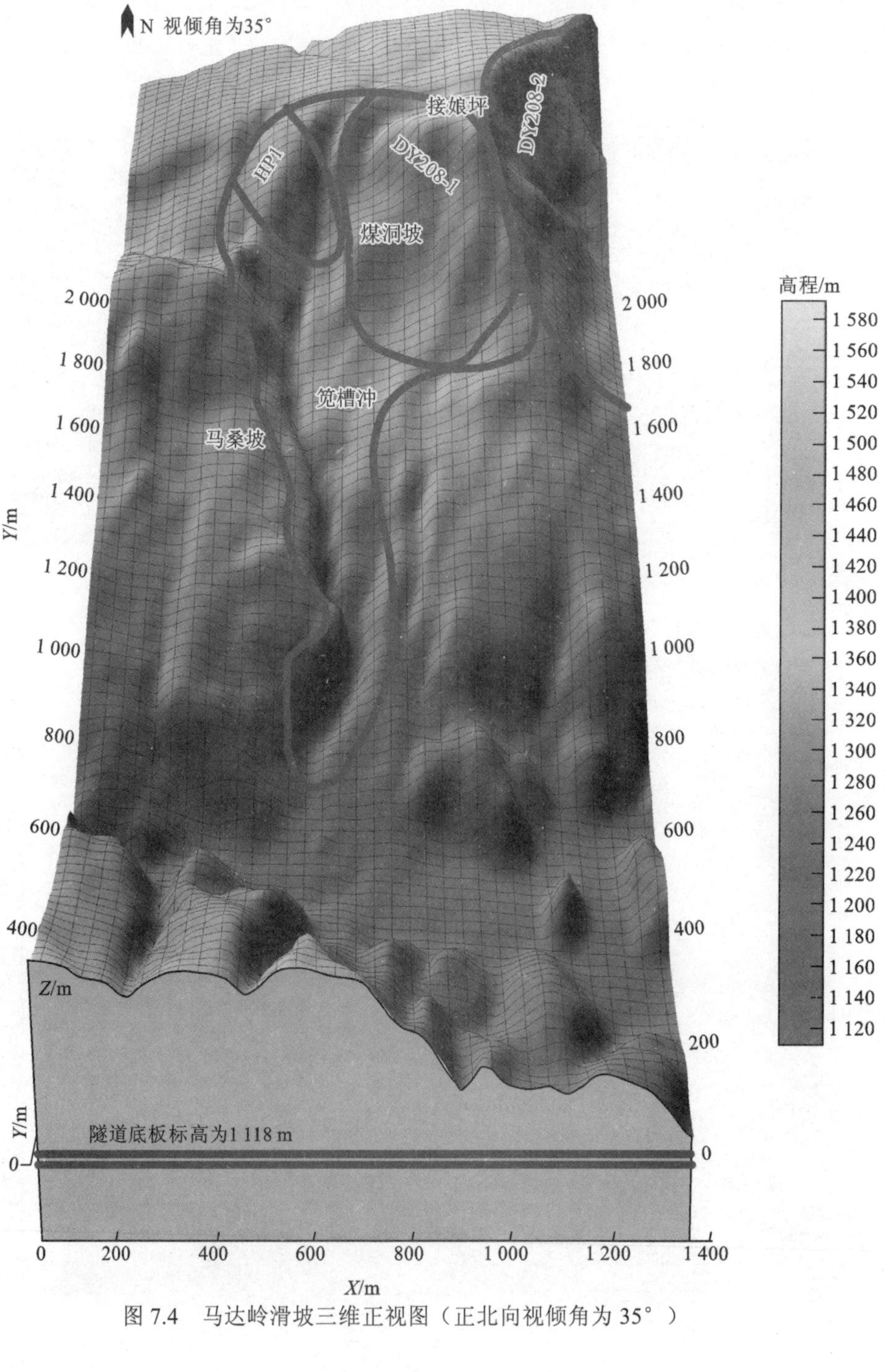

图 7.4　马达岭滑坡三维正视图（正北向视倾角为 35°）

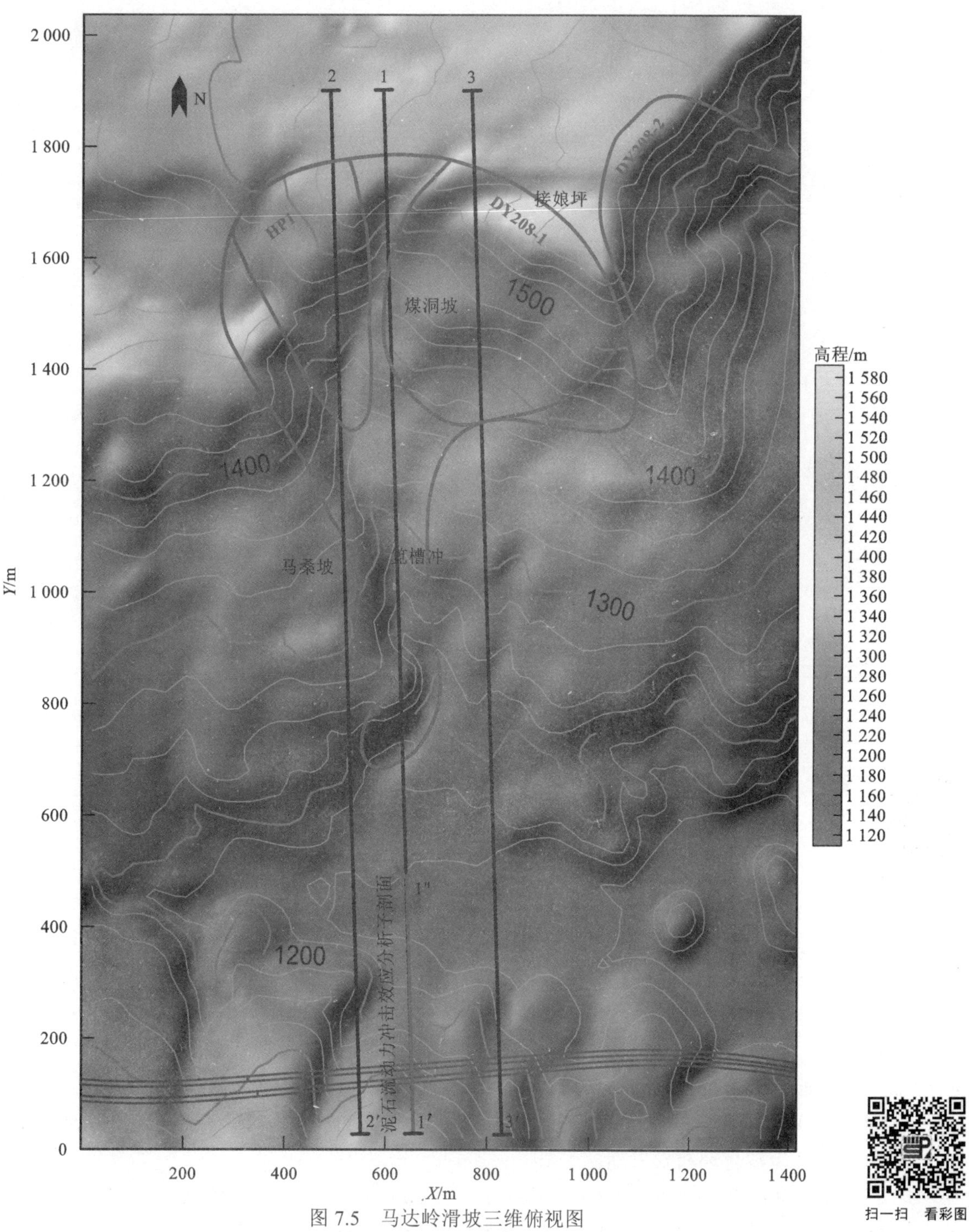

图 7.5　马达岭滑坡三维俯视图

扫一扫　看彩图

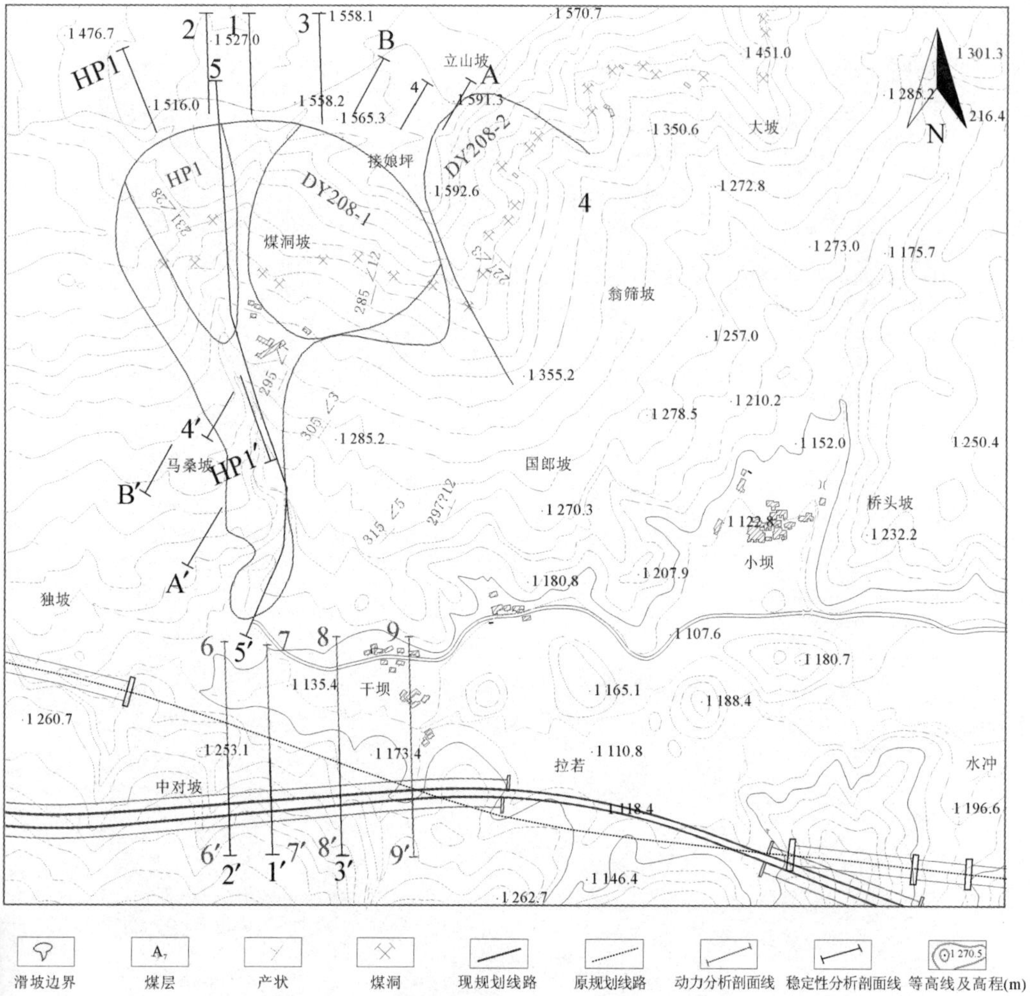

扫一扫 看彩图

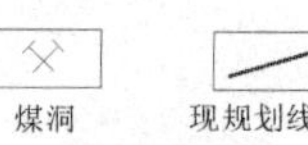
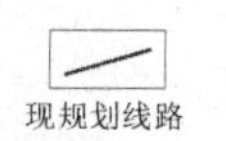
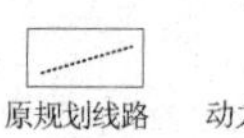
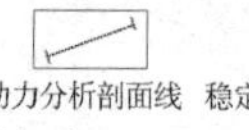

图 7.6 马达岭滑坡周界与公路线路的关系

7.1.3 泥石流灾害特征与成因分析

1. 泥石流灾害特征

当前 NSL1 泥石流的物质来源为 HP1 滑坡，但值得注意的是，NSL1 泥石流附近的 DY208-1 隐患区一旦失稳，会为其带来更为充沛的物源。NSL1 泥石流的活动总体上可以分为孕育期和暴发期。

孕育期：这一时期为 2003～2006 年。自 2003 年 5 月 17 日 HP1 滑坡首次垮塌后，NSL1 泥石流开始处在孕育期，据当地居民介绍，2003～2006 年，干坝乡道与泥石流沟接壤处，溪流浑浊，沟内常有泥沙夹杂块石冲出，但总体体积不大。

暴发期：这一时期为 2006 年。2006 年 5 月 16、17 日持续暴雨，直接触发了 5 月 18 日发生的时隔三年的第二次 HP1 滑坡，这次大规模崩滑使滑坡后壁煤窑洞口大股涌水，流量约为 35 L/s，持续一周。持续的长时间降雨及矿坑老窑水为泥石流的形成提供了水源条件，水流裹挟大量 HP1 滑坡两次崩滑带来的丰富碎石、泥沙，形成 NSL1 泥石流，顺笕槽冲向下奔涌，最终于干坝乡道北西方向 250 m 左右的宽缓地带堆积。

根据泥石流的形成条件及现场调查特征，将 NSL1 泥石流分为三部分，见图 7.7。

图 7.7　NSL1 泥石流分区特征图（贵州省地质环境监测院，2012）

物源区（即形成区）：为 HP1 滑坡堆积区，表面坡度约为 22°，其为泥石流的形成提供了丰富的松散物质。

流通区：为笕槽冲，该冲沟近南北走向，长约 700 m，北高南低，根据现场调查，泥石流过后笕槽冲两侧的泥石流铲刮痕迹明显，冲沟底部出露大量基岩。沟道内还存在多个阶梯状跌水。

堆积区：呈扇形分布于干坝乡道北西平缓地带，长约 150 m，宽约 200 m，扩散角为 80°，总面积约为 18000 m^2，最小厚 4 m，最大厚 12 m，平均厚 8 m，泥石流冲出体积约为 14.4×10^4 m^3，属于中等规模。

2. 泥石流成因分析

NSL1 泥石流的形成主要有三个方面的原因：首先，HP1 滑坡在滑动中自身的崩解与对东侧山坡和坡脚岩土体的冲积使滑体碎屑化、松散化，其为泥石流的发育提供了丰沛的松散物质来源；然后，受构造地形控制，泥石流形成的物源区、流通区、堆积区均已具备；最后，持续的强降雨及老窑水为泥石流的形成提供了水源条件。

7.1.4 地质灾害发展趋势分析及对线路的影响

根据上述马达岭滑坡工程地质条件及滑坡成因分析，现对滑坡发展趋势进行分析，具体如下。

第一，HP1 滑坡已在 2003 年、2006 年和 2007 年发生过山体垮塌，其前缘滑体已被泥石流带到笕槽冲沟口淤积，剩余大部分堆积于滑坡前缘平台之上，处于暂时稳定状态；在继续开采煤层的情况下，极易使采空区顶板塌陷，从而进一步垮塌，并导致伴生灾害；在暴雨或地震情况下，有极大可能产生进一步滑动。

第二，根据 NSL1 泥石流形成原因的分析，其发生满足物源条件和水源条件。首先，由于 HP1 滑坡已崩塌多次，其提供的 $1.39\times10^6m^3$ 滑体已构成充足的物源；HP1 滑坡在滑动过程中自身的崩解及对东侧山坡的冲积造成了滑体碎屑化，而且在地震情况下会使 HP1 滑坡的堆积体及后缘滑壁的砂岩更加松散、破碎，更容易触发泥石流。其次，小煤窑开采所产生的废水及降雨会为泥石流的形成提供水源条件。因此，在地震与降雨同时发生的极端情况下，发生泥石流的概率将大大增加。此外，根据现场调查，已完工的拦挡坝现已基本被填满，所以泥石流一旦形成，拦挡坝的作用将显得很小，给堆积区的基础设施及人员安全带来极大隐患。

第三，现场调查及资料显示，DY208-1 隐患区的裂缝正处于蠕滑至滑面贯通阶段，随着坡体蠕滑剪切变形的不断积累，后缘裂缝宽度将不断加大，坡体沿层面向坡外滑动的迹象将越来越明显，在降雨作用下，滑面贯通，最终会形成滑坡。因此，推测 DY208-1 隐患区在未来一段时间内仍将处于蠕滑至滑面贯通阶段，在降雨条件下应特别注意滑坡裂缝的发展情况。

第四，根据以上分析，马达岭滑坡稳定性欠佳，对原规划线路（明线方案）有重大致灾隐患，对当前的推荐线路（毛尖隧道方案）的影响需要进一步查明。

7.2 泥石流暴发规模及堆积区空间展布分析

7.2.1 泥石流物源规模

HP1 滑坡及 DY208-1 隐患区为潜在泥石流的发育带来了丰富的物质来源。在降雨、地震等外界扰动的激励下，有可能暴发规模较大的泥石流，对公路线路产生潜在危害。目前，HP1 滑坡已经发生过三次滑动，DY208-1 隐患区有潜在失稳的可能。一旦它们整体失稳，则将在 1 350～1 500 m 高程形成巨大的堆积体。

HP1 滑坡及 DY208-1 隐患区的体积计算见表 7.1 与表 7.2。从表 7.3 中可以看出，HP1 滑坡及 DY208-1 隐患区的潜在致灾体积为 664×10^4 m^3。根据表 7.4，结合马达岭滑坡的实际物质构成，松方系数取 1.53，则 HP1 滑坡和 DY208-1 隐患区整体破坏后将带来 $1015.92 \times 10^4 m^3$ 的松散物质堆积，成为潜在泥石流的物源。

表 7.1　HP1 滑坡体积计算表

技术指标	数量
滑体面积/m^2	7 739.13
平均面积/m^2	7 739.13
滑坡宽度/m	180
滑体体积/m^3	139×10^4

表 7.2　DY208-1 隐患区体积计算表

技术指标	数量
A—*A*′纵剖面滑体面积/m^2	9 482.67
4—4′纵剖面滑体面积/m^2	9 599.76
B—*B*′纵剖面滑体面积/m^2	12 683.76
平均面积/m^2	10 588.73
滑坡宽度/m	480
滑体体积/m^3	508×10^4

表 7.3　马达岭滑坡总体积计算表（HP1 滑坡+DY208-1 隐患区及毗邻区域）

技术指标	数量
1—1′剖面滑体面积/m^2	11 145.29
2—2′剖面滑体面积/m^2	9 902.99
3—3′剖面滑体面积/m^2	12 028.05
平均面积/m^2	11 025.44
滑坡宽度/m	602
滑体体积/m^3	664×10^4

表 7.4　土石方松实系数换算表

项目	自然方	松方系数	孔隙度（松方条件下）
土方	1	1.33	0.25
石方	1	1.53	0.35
砂方	1	1.07	0.07
混合料	1	1.19	0.16
块石	1	1.75	0.43

7.2.2　降水触发分析

马达岭滑坡区的多年平均降水量为 1 446 mm，最丰年为 1968 mm，最枯年为 868 mm。暴雨出现在 4～11 月，大于 100 mm/h 的暴雨出现在 6～9 月，最大降雨强度时段为 5～7 月。研究区内发育有大量小型溪沟，为季节性溪流，丰水期流量可达 10～30 L/s，枯水期干涸。区内降水条件见表 7.5。

表 7.5　马达岭滑坡区降水条件表

汇流面积 /(10^4 m^2)	年度降水量/mm			暴雨分布季节		地表径流/（L/s）	
	多年平均	最丰年	最枯年	0～100 mm/h	>100 mm/h	丰水期	枯水期
67.32	1 446	1 968	868	5～7 月	6～9 月	30	0

短时间的强降水是泥石流暴发的直接诱因。2006 年 5 月 18 日暴发的 NSL1 泥石流是在 5 月 16 日和 17 日持续大雨的情况下发生的。暴雨既促发了 HP1 滑坡，又直接导致了泥石流的发生。

7.2.3　泥石流体积预测

由于缺乏降雨统计资料，按照比较保守的情况考虑，若 2006 年 5 月 16 日和 17 日单日降水量取 150 mm，则在 67.32×10^4 m^2 的汇流面积下将会形成 20.196×10^4 m^3 的水量，在完全不考虑地表径流和地下水排泄的情况下，取 0.35 的孔隙度，则会造成 57.7×10^4 m^3 的堆石体饱水量，与之对应，冲出的泥石流体积为 14.4×10^4 m^3，占总饱水量的 24.9%。泥石流的成因非常复杂，其总体体积受到降水总量、降水强度、降水持续时间、堆积区总体积、堆积区地形、堆积区物源特性等诸多因素的影响，科学上还没有成熟的数学模型可供实践预测；并且，冲出体积也仅是泥石流运移总体积的部分。但 24.9%这一宏观比例仍然具有很强的参考价值，它反映了 NSL1 泥石流在诸多因素下，系统整体的响应水平。这一方式为在数量级上估计该泥石流的整体冲出体积具有参考意义。表 7.6 列出了极端降雨条件下 NSL1 泥石流体积估计与降雨持续时间的关系。值得注意的是，HP1 滑坡与 DY208-1 隐患区的潜在失稳将会为泥石流的暴发带来丰富的物源基础。表 7.7 列出了 HP1 滑坡与 DY208-1 隐患区破坏模式组合下 NSL1 泥石流的体积估计。

表 7.6　极端降雨条件下马达岭滑坡区 NSL1 泥石流体积估计——按等比例饱水体积估算

降水标准	连续降水强度为 100 mm/d				连续降水强度为 200 mm/d			
	1 天	3 天	5 天	7 天	1 天	3 天	5 天	7 天
泥石流体积/（$10^4\ m^3$）	4.79	14.37	23.95	33.53	9.58	28.74	47.9	67.06

注：按饱水体积比例 24.9%计，松方孔隙度取 0.35，汇流面积取 $67.32\times10^4\ m^2$。

表 7.7　马达岭滑坡区 NSL1 泥石流极限（上限值）体积估计——按物质来源松方体积计

指标	HP1 滑坡与 DY208-1 隐患区破坏模式组合		
	仅 HP1 滑坡破坏	仅 DY208-1 隐患区破坏	HP1 滑坡+DY208-1 隐患区破坏
泥石流体积/（$10^4\ m^3$）	212.67	777.24	1 015.92

注：松方系数取 1.53。

7.2.4　泥石流堆积范围预测及对原规划线路的影响

泥石流的堆积形态除受地形控制外，还与物质组成、沟谷地形开阔程度、坡度、富水性等诸多因素相关。因此，即便是在确定的冲出体积下，准确预测堆积区的分布形态是有困难的。但现有的研究资料也表明，泥石流的总体堆积形态呈扇形分布，且运动速度越慢，冲积铺摊的扇面夹角越大，扇面面积也越大。因此，对于开阔的堆积区而言，同一库容高程下，中低速堆积的泥石流比高速堆积的泥石流拥有更大的库容。表 7.8 列出了中低速和高速条件下，1 160～1 225 m 高程对应的库容。其平面展布形态见图 7.8、图 7.9。

表 7.8　NSL1 泥石流堆积区不同高程下的库容　（单位：$10^4\ m^3$）

泥石流速度分类	泥石流堆积扇淤积高程					
	1 160 m	1 165 m	1 170 m	1 175 m	1 200 m	1 225 m
中低速	44.22	90.35	174.17	362.93	1 047.25	2 451.67
高速	21.79	50.08	83.70	134.72	589.44	1 634.84

注：中低速下泥石流堆积扇两翼与中轴线的夹角＞45°；高速下泥石流堆积扇两翼与中轴线的夹角≤45°。

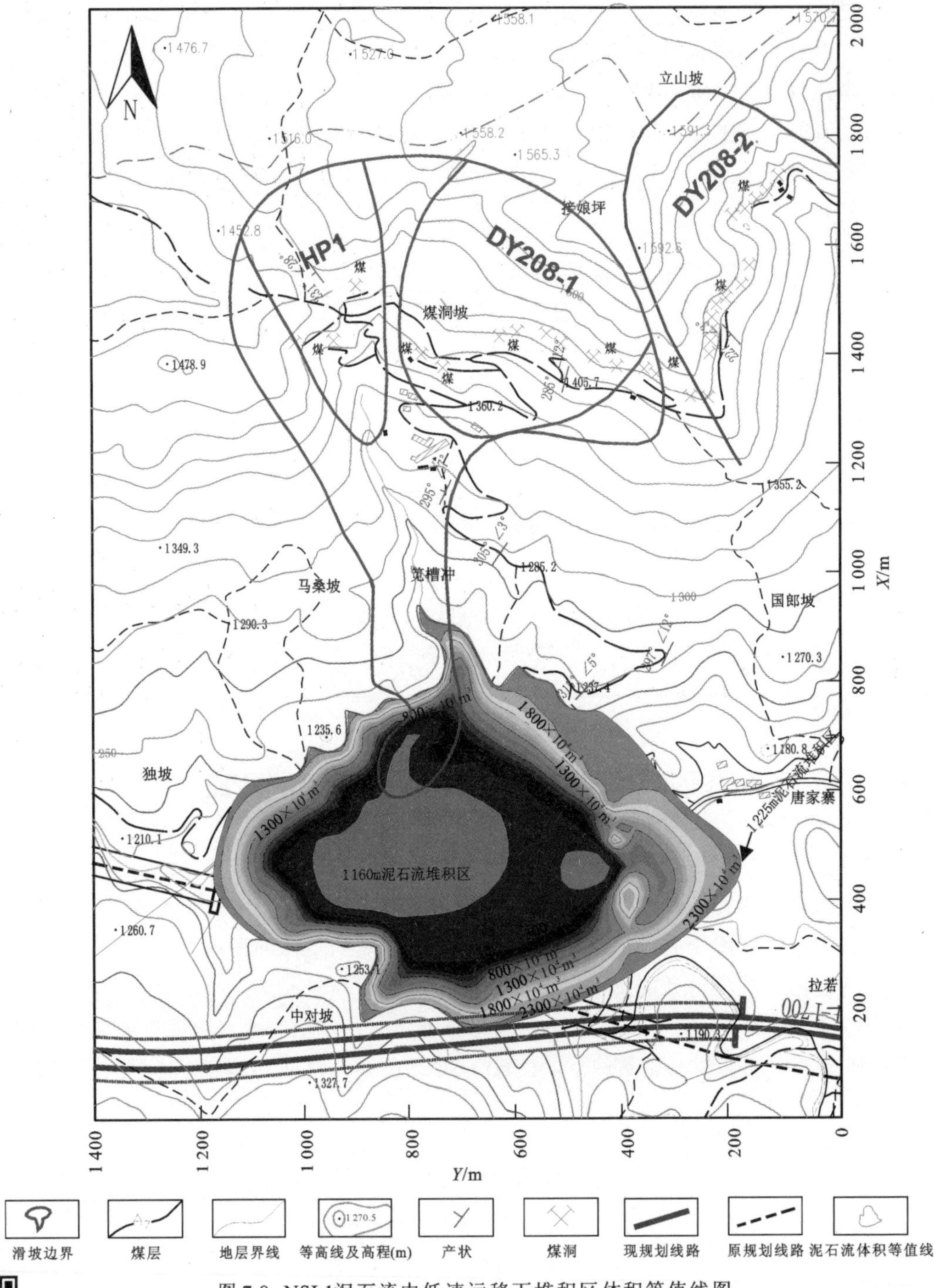

图 7.8 NSL1泥石流中低速运移下堆积区体积等值线图

扫一扫 看彩图

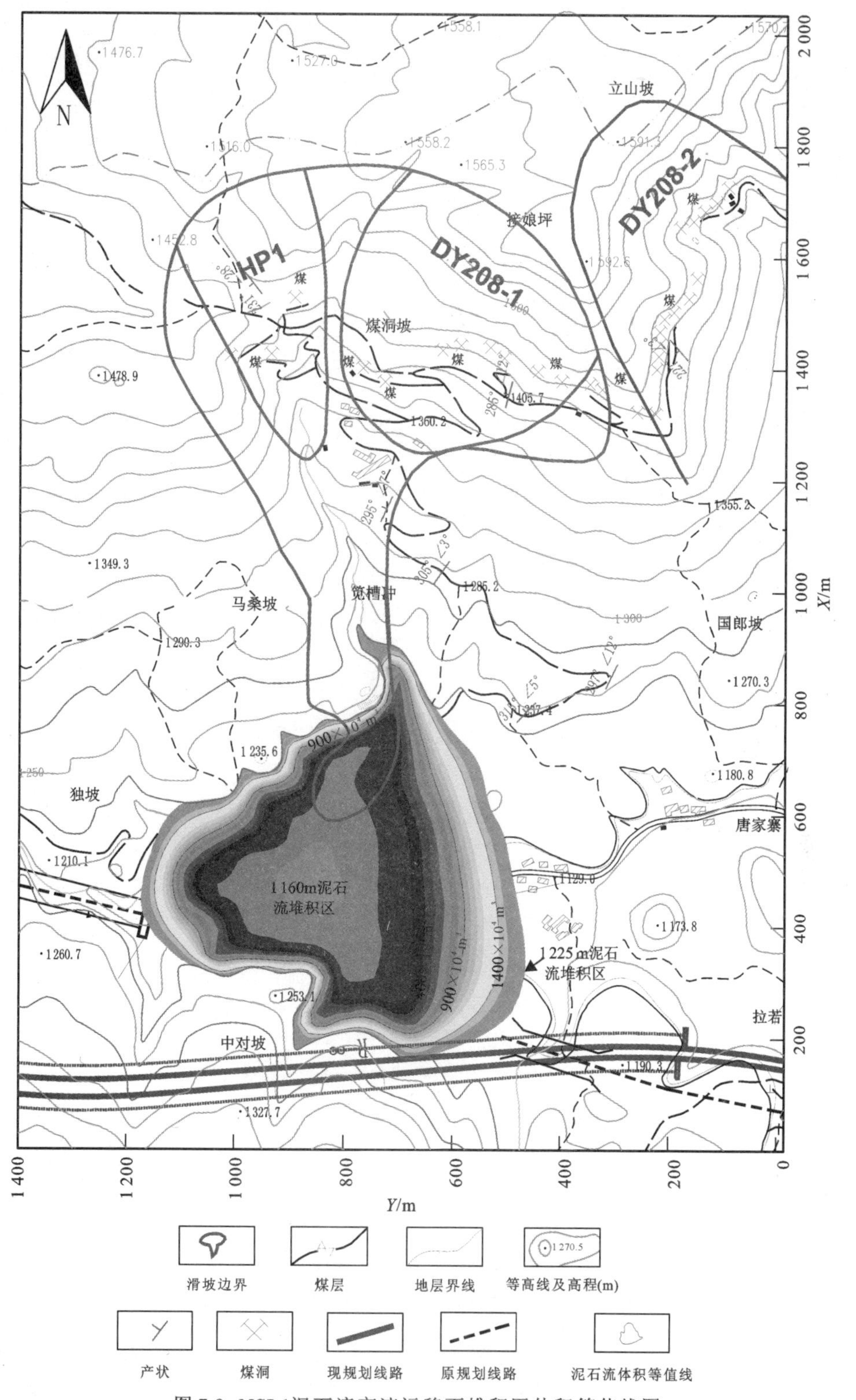

图 7.9　NSL1泥石流高速运移下堆积区体积等值线图

扫一扫　看彩图

通过克里金空间插值的方法，图 7.8、图 7.9 给出了泥石流堆积形态的体积等值线图。据此，可以快速查询不同的涌出体积下，泥石流的空间分布形态。根据表 7.7，马达岭滑坡区潜在的泥石流规模是 1015.92×10^4 m^3（以松方计），在中低速条件下，其龙头能够到达的位置将逼近滑坡对面山体（即公路隧道山体）的 1 200 m 等高线，在高速运移条件下，其龙头将逼近 1210 m 等高线。其龙头的平面投影坐标尚不能到达隧道线路位置。

依据上述分析，结合原规划明线线路方案的空间位置可知，NSL1 泥石流对原规划线路有重大致灾影响，应积极避让。

7.2.5 泥石流暴发对毛尖隧道影响的定性分析

鉴于 1 225 m 等高线在平面投影上与公路隧道线相切，为便于比较分析，图 7.8、图 7.9 和表 7.8 中给出了 1 225 m 等高线位置对应的泥石流体积。如果泥石流龙头要达到这一高程，在中低速状态下需要 2451.67×10^4 m^3 的物源支持，在高速状态下也需要 1634.84×10^4 m^3 的物源支持。即便以最保守的情况估算，马达岭滑坡整体失稳情况下只能提供 1015.92×10^4 m^3 的松方，总体上对公路隧道方案威胁不大，但对图 7.9 中所标记的明线方案影响巨大。

7.2.6 泥石流堆积形成堰塞湖的可能性分析

根据计算，马达岭滑坡整体失稳情况下只能提供 1015.92×10^4 m^3 的松方，在极端条件（即降雨强度达到 200 mm/d，且滑坡的全部堆积体都在低速条件下堆积）下，根据图 7.8、图 7.9 和表 7.8 中所得到的体积等值线可知，泥石流堆积体达到 1 200 m 等高线，此时，根据图 7.6，测得泥石流堆积体西侧 1 200 m 等高线以下平面面积为 4.6×10^4 m^2。水文资料显示，富溪河的流量为 30 L/s，其单日流量为 2 592 m^3/d，再考虑降水情况，测得的汇水面积大致为 5.87×10^5 m^2，则单日汇水体积为 1.17×10^5 m^3，总水量达到 1.2×10^5 m^3。考虑到泥石流的物质为碎石土或者夹杂土质成分，其有一定的流通性。考虑到更可能的泥石流暴发方式是中小规模的分多次淤积，因此会大大降低上述极端条件下的拥塞可能性。因此，堰塞湖的孕育条件并不充分，形成堰塞湖的概率很低。在设计、施工和运营期通过密切监测降雨情况并做好相应应急预案，能够实现对极端灾害的预警、预报。

7.2.7 域内其他地质灾害对线路的影响分析

根据计算，DY208-2 隐患区的总体积在 270×10^4 m^3 左右，见表 7.9。根据其流通区、堆积区的地形测算，在小坝地区 1 180 m 高程线上，库容为 427×10^4 m^3 左右。如

图 7.10 所示，其最远波及范围距离推荐线路的明线桥梁超过 700 m，有足够的安全裕量，且小坝至明线段地势平坦，堆积体已无潜在运动的势能支撑。因此，DY208-2 隐患区对线路没有影响。

表 7.9　DY208-2 隐患区体积计算表

技术指标	数量
滑坡长度/m	357.8
滑坡宽度/m	352.6
滑坡平面面积/m^2	1.08×10^5
滑体平均厚度/m	25
滑坡体积/m^3	2.7×10^6
潜在泥石流最大体积/m^3	4.17×10^6

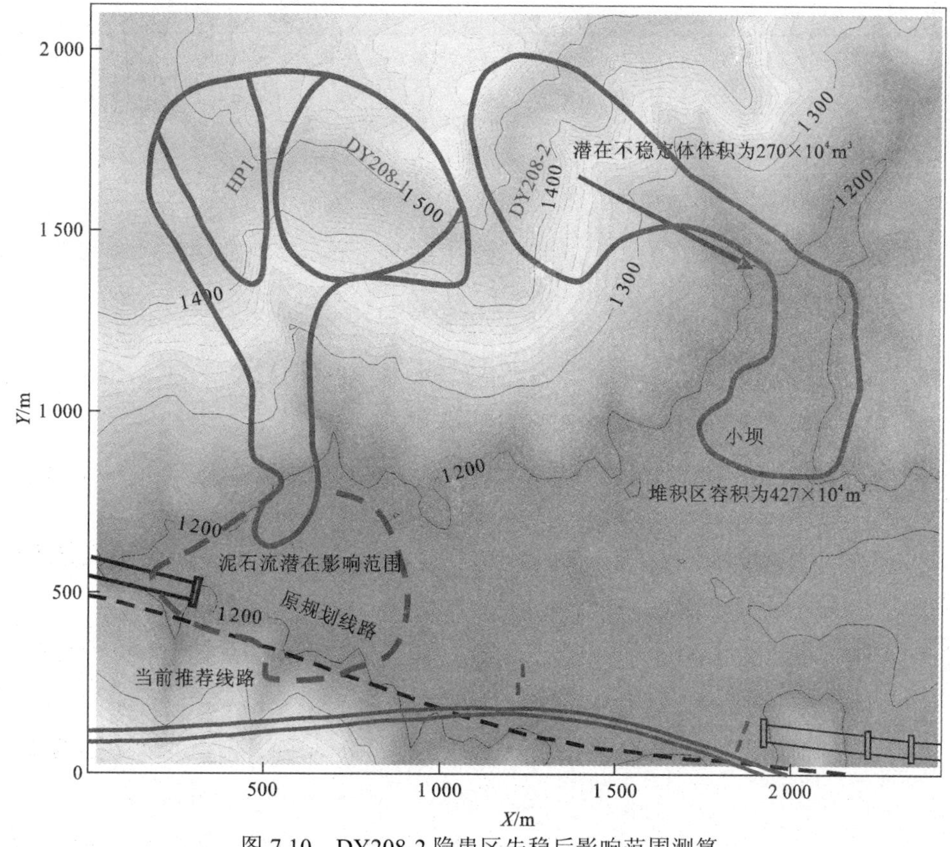

图 7.10　DY208-2 隐患区失稳后影响范围测算

扫一扫　看彩图

7.3 泥石流对交通隧道冲击的动力响应分析

前面 7.1～7.2 节从工程地质的角度分析了泥石流暴发规模及其在不同条件下的空间展布情况。其结论是，由于空间距离较远，泥石流对公路隧道的潜在危害很小。本章从岩石动力学的角度，定量评估在泥石流大规模暴发的极端情况下，对交通隧道的影响。

7.3.1 泥石流冲击荷载计算模型

采用 3.4 节提出的简化模型，参数取值见表 7.10。

表 7.10 泥石流冲击荷载方程参数表

参数	α	γ	β_1	β_2	f/Hz	ρ/（kg/m^3）	g/（m/s^2）
取值	1.2	6.0	1.652 4	1.265 2	2.857 14	2 155	9.8

注：泥石流密度按照 70%块石和 30%水考虑，块石的密度取 2 650 kg/m^3，水的密度取 1 000 kg/m^3。

表 7.10 对应的重力加速度附加系数时程曲线见图 7.11。该波形满足如下几点。

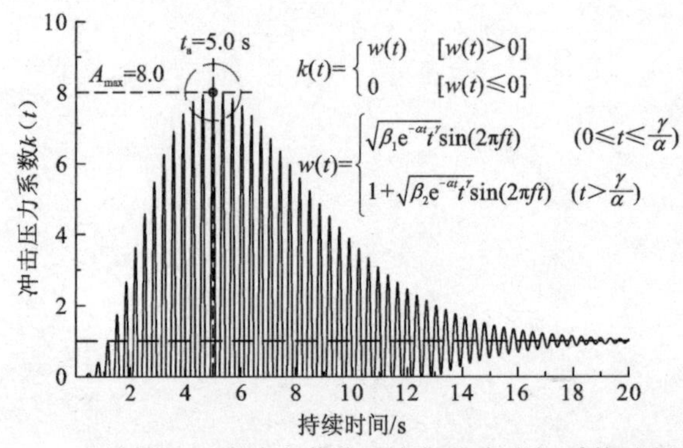

图 7.11 马达岭泥石流冲击荷载重力加速度附加系数时程曲线

第一，A_{max} 达到 8.0，比 Lichtenhahn（1973）、Armanini（1997）与 Scotton 和 Deganutti（1997）建议的上限值 7.5 稍大，在此基础上进行的力学分析的结果将偏于安全。

第二，满足泥石流与山体接触面只施加压力，不施加拉力的限制条件。

第三，动力加载及消散过程与静力学特性兼容。从 0～1.275 s 动力震荡加载至 1 倍的重力加速度，然后在 7.185 s 达到峰值 8 倍的加速度，其后逐渐消散，在 13.505 s 消散至 2 倍的重力加速度，而后降至 1 倍的重力加速度。此时，1 倍的重力加速度意味着泥石流呈现静止状态，对岩体施加的压力不再与时间相关，只与泥石流深度（厚度）有关。因此，在上述条件下，动力分析过程将与静力分析实现对接。

第四，动力基准频率选择 2.857 14 Hz 符合场地特征。本区地震动反应谱特征值为 0.35 s，对应的频率为 2.857 14 Hz。一般认为，岩土体的卓越频率较低，分布在 2～10 Hz。鉴于高频能量的衰减更快，而低频震荡的危害更大，因此在进行最不利分析时应尽量取低频。取值 2.857 14 Hz 符合上述认识，也合乎抗震规范要求。

第五，选择正规动力波形为 20 s，在宏观时间上符合高速泥石流掩埋特征。一般认为，泥石流速度越快，峰值冲击力越大。本章认为，在 20 s 以内 1 150 m 高程掩埋至 1 225 m 高程，泥石流龙头在 20 s 之内爬高 75 m，这个速度是相当快的。实际上，从马达岭泥石流的实际特性来看，其远远达不到这一速度，因此，按 20 s 取值也将使得工况偏向于危险，对工程而言，其分析结果有利于人们采取保守的措施。

7.3.2　力学模型的建立

将 FLAC3D 软件作为分析工具，对图 7.6 中剖面 6-6′、7-7′、8-8′、9-9′的近隧道段建立平面二维模型，分别对应隧道桩号 K50+722、K50+616、K50+446、K50+269，如图 7.12 所示，监测点布置见图 7.13。模型参数见表 7.11。

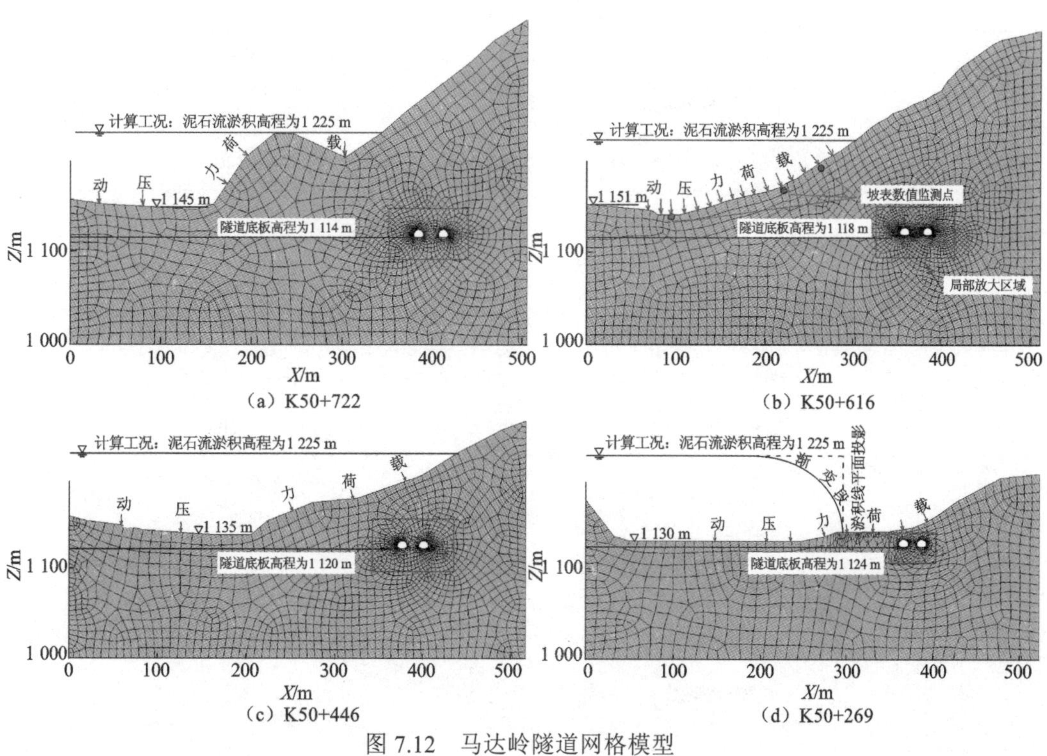

图 7.12　马达岭隧道网格模型

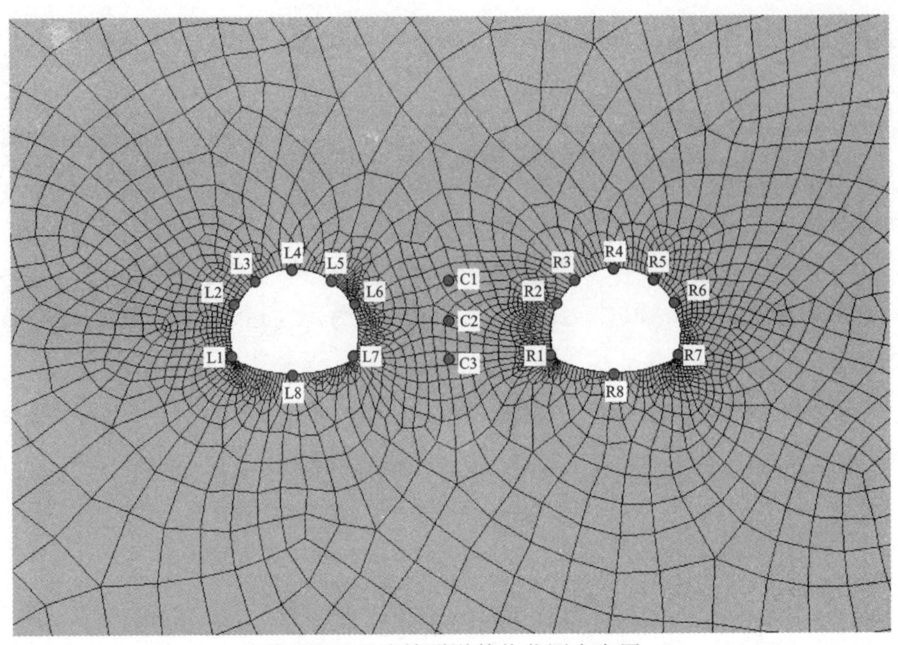

图 7.13　马达岭隧道数值监测点布置

表 7.11　马达岭泥石流冲击动力分析所采用的网格密度、边界条件、滤波类型和阻尼参数

项目分类	子类	特征
网格	最小网格尺寸/m	0.21
	最大网格尺寸/m	13.66
	六面体单元个数	>3 600
边界条件	底部边界(Z=1 000.0 m±0.1 m)	静态边界
	左右边界	自由场边界
	上边界	无约束
输入波形	类型	式（3.21）、式（3.22）分段函数表示的动态压力
	波形事件截取时段/s	0～20
阻尼模式	类型	局部阻尼
	临界阻尼比（ξ_{min}）	5%π
计算作业时间	动态时步	4.017×10^{-6}
	计算速度/(步/s)	157
	动力输入时长/s	20
	作业所需时间/h	8.81

注：软件平台为 FLAC3D4.0；硬件平台为 DELL R410 Server（Intel Xeon 5620 2.4 GHz 双 CPU 16 核心 64 GB 内存）。

隧道所在岩体为上泥盆统高坡场组（D_3gp）灰—浅灰色中至厚层细晶白云岩，可见晶洞构造，岩层厚度大于 150 m 的岩体稳定性较好。岩体物理力学计算参数见表 7.12。计算参数的选取是以常规白云岩取值范围为基准的，尽量选择较低值，以利于工程安全的保守估计。

表 7.12　隧道岩体物理力学计算参数取值

物理量	单位	白云岩取值范围参考值	取值
黏聚力 c	MPa	20～50	20
内摩擦角 ϕ	（°）	35～50	35
泊松比 μ		0.15～0.35	0.15
抗拉强度	MPa	15～25	15
杨氏模量 E	GPa	50～94	55
密度 ρ	kg/m^3	2 400～2 900	2 650

注：参考《构造地质学》（谢仁海 等，2007）。

7.3.3　动力响应分析

设定如下极端工况：在暴雨的触发下，泥石流奔流而下，龙头翻越阻石坝，横穿干坝乡道，从谷底 1 140 m 高程向南爬坡至隧道所在山体的 1 225 m 高程。并且，整个过程速度极快，只耗费 20 s。数值模拟揭示了隧道及其所在岩体的加速度峰值分布，如图 7.14 所示，图 7.15～图 7.19 以 K50+616 断面为例，揭示了动力响应（刘晓 等，2017a）。

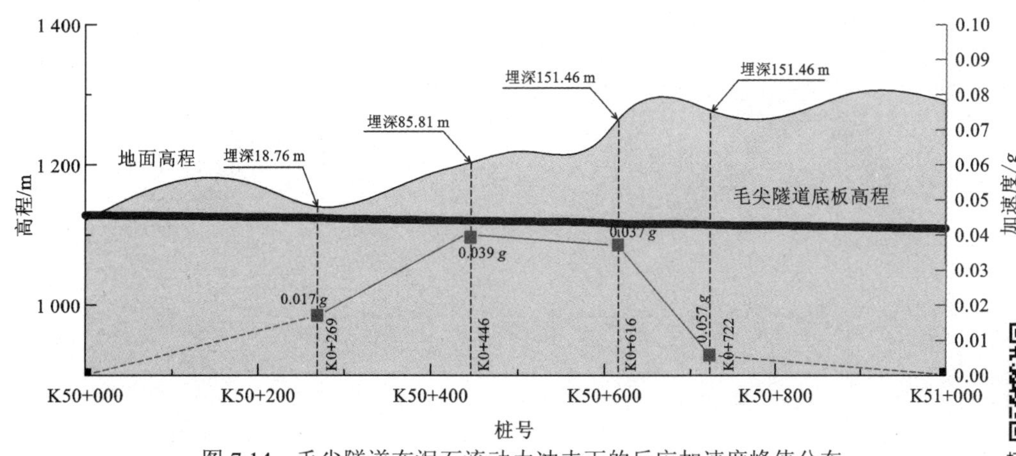

图 7.14　毛尖隧道在泥石流动力冲击下的反应加速度峰值分布

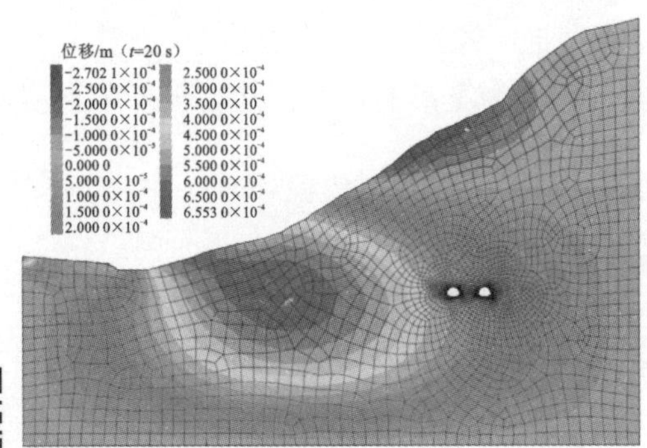

（a）X向位移

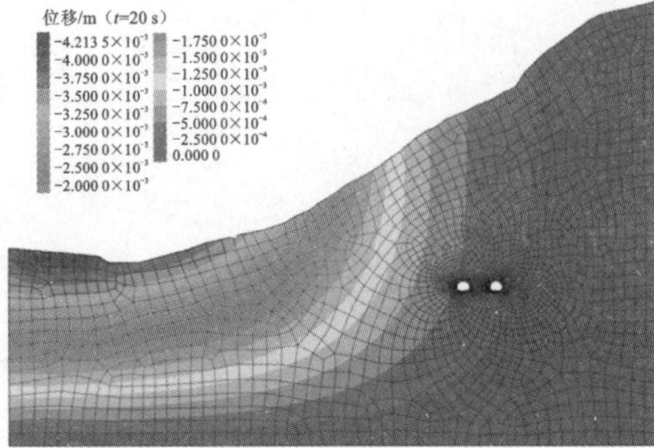

（b）Z向位移

图 7.15　泥石流冲击下马达岭隧道 K50+616 断面的永久位移云图

扫一扫　看彩图

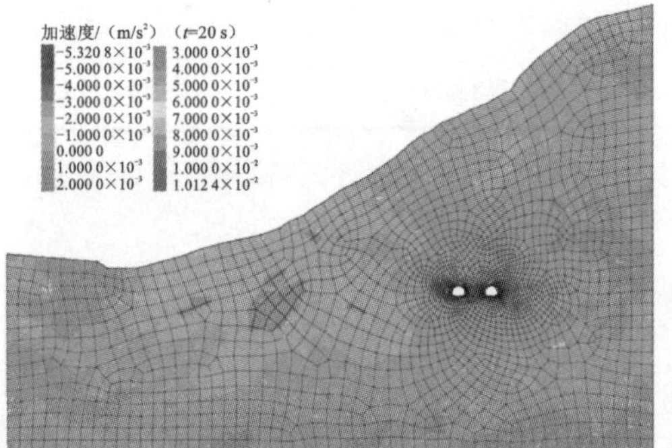

（a）X向加速度

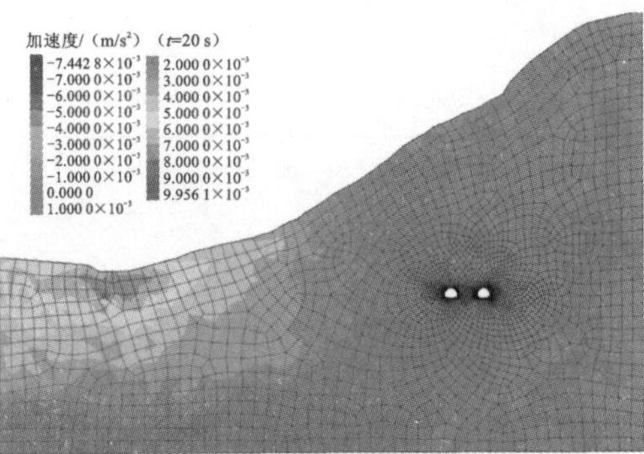

（b）Z向加速度

图 7.16　泥石流冲击下马达岭隧道 K50+616 断面的加速度云图

扫一扫　看彩图

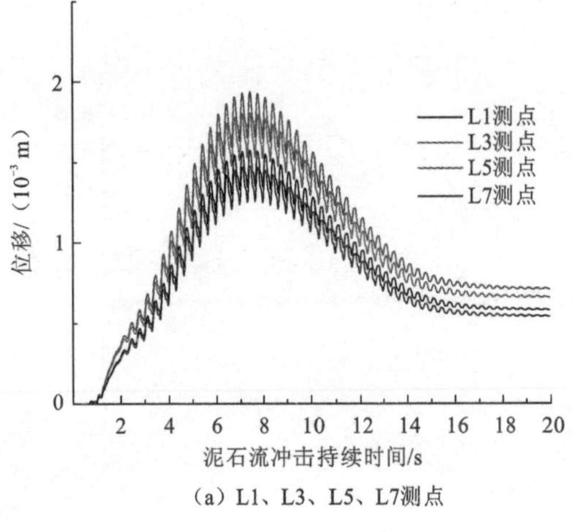

（a）L1、L3、L5、L7测点

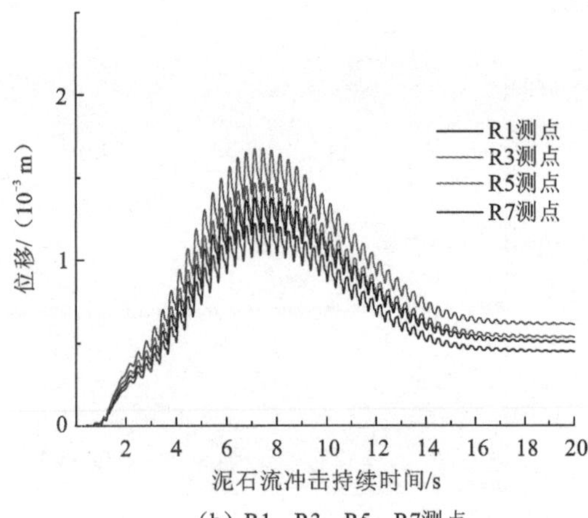

（b）R1、R3、R5、R7测点

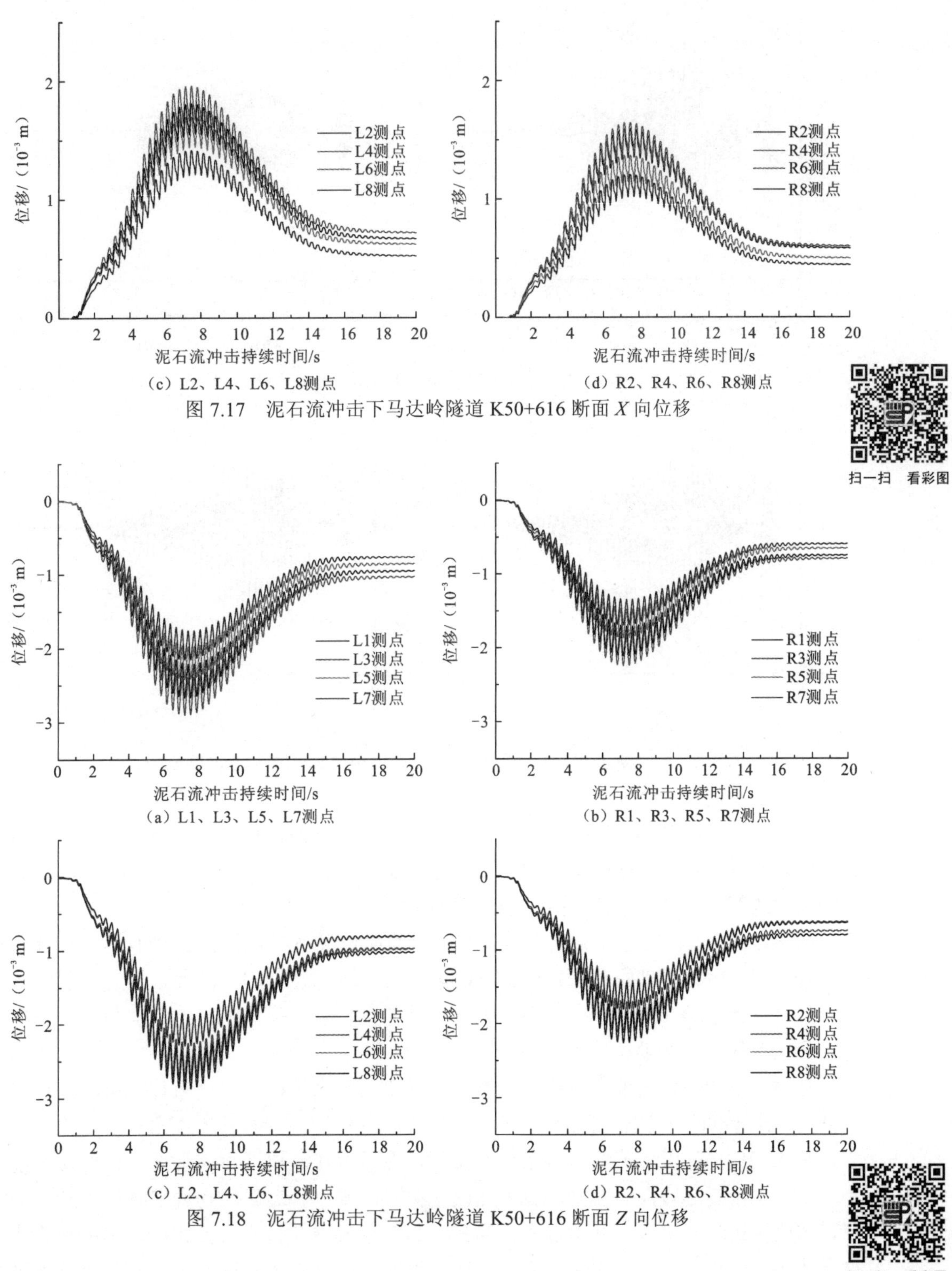

（c）L2、L4、L6、L8测点

（d）R2、R4、R6、R8测点

图 7.17　泥石流冲击下马达岭隧道 K50+616 断面 X 向位移

（a）L1、L3、L5、L7测点

（b）R1、R3、R5、R7测点

（c）L2、L4、L6、L8测点

（d）R2、R4、R6、R8测点

图 7.18　泥石流冲击下马达岭隧道 K50+616 断面 Z 向位移

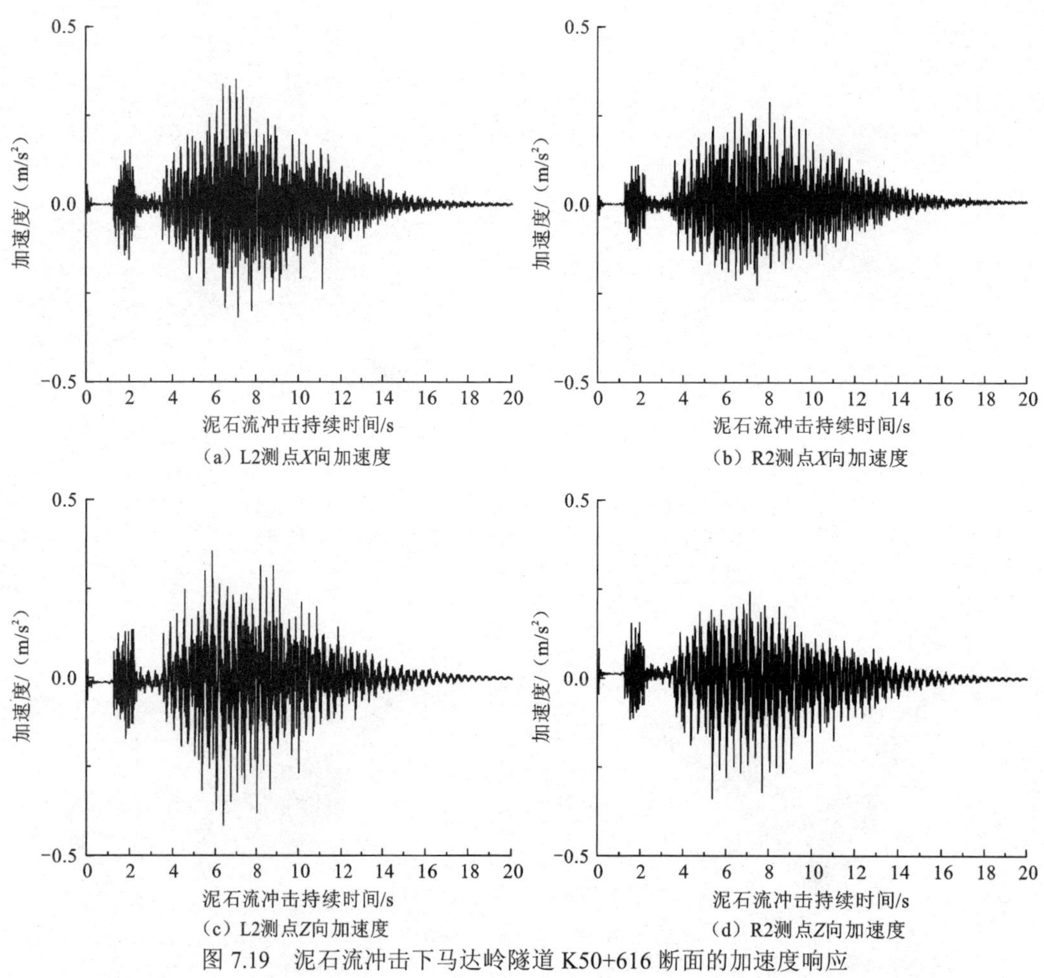

图 7.19　泥石流冲击下马达岭隧道 K50+616 断面的加速度响应

总体上看，对隧道有影响的是 K50+000～K51+000 段，但总体影响较小。隧道围岩位移以毫米计，震动过程中最大位移不超过 3 mm，永久位移控制在 1 mm 左右。最大震动加速度不超过 0.04*g*，即不超过区域抗震设防要求的 0.05*g*。因此，从数值分析的结果可以看出，极端泥石流灾害对公路隧道的影响很小，在结构安全的承受范围内。考虑到本研究区地震动峰值加速度为 0.05*g*，地震基本烈度取为 VI 度，因此可取地震动反应谱特征值为 0.35 s。在隧道以上述抗震参数设防的条件下，能自动满足对极端泥石流工况的抵御要求。

必须指出的是，出现上述极端灾害工况需要同时满足以下几个条件：第一，超过 $1\,600\times10^4\ m^3$ 的泥石流物源储备；第二，长历时的极端强降水天气；第三，山体坡度大，具备支撑高速泥石流的地貌条件；第四，泥石流在流通区运移畅通，体积损失很小。实际上，马达岭泥石流并不具备这四个条件：第一，泥石流物源储备达不到；第二，该地区极端降水天气并不显著；第三，与其他典型高速泥石流相比，马达岭的坡度并不占优，仅为 14°～20°；第四，受地貌控制，流通区发育多级平台等相对平缓的地势，再加上空间运移线路存在折线，极大地消耗了泥石流的动能。在线路明线段的冲沟中，孤峰发育，若发生滑坡，可起到阻挡、减速的作用，对线路形成保护。

因此，未来马达岭泥石流更倾向于是局部的、中小规模的。本章所模拟的极端工况发生的概率极低，几乎不可能发生。定量分析的价值在于，论证了即便发生这一极端工况，其对公路隧道的影响仍然有限。

7.4 本章小结

本章利用实际案例展示了本书所提出的泥石流冲击荷载模型及岩土动力稳定性分析方法在公路选线中的应用。马达岭地质灾害是一个多期次的崩塌、滑坡、泥石流复合的地质灾害。其崩滑堆积区潜在的物质运移模式对在建的都匀至香格里拉高速公路造成了潜在的不良影响。马达岭地质灾害区由四个部分构成：HP1 滑坡、DY208-1 隐患区、DY208-2 隐患区、NSL1 泥石流。总地来看，区内岩体在自然状态下是基本稳定的。2003～2007 年已经发生的三次滑坡和一次泥石流的根本原因是人类工程活动，滑坡发生的直接原因是降雨。从宏观分析判断，DY208-2 隐患区的活动对公路线路无影响，但 HP1 滑坡、DY208-1 隐患区和 NSL1 泥石流在天然工况下的稳定性储备不足，对规划线路中的明线方案有重大致灾隐患，对规划线路中的隧道方案有潜在的致灾可能性。

HP1 滑坡和 DY208-1 隐患区的潜在致灾体积为 $664\times10^4\ \mathrm{m}^3$。整体破坏后将造成 $1\,015.92\times10^4\ \mathrm{m}^3$ 的松散物质堆积，成为潜在泥石流的物源，对原规划线路（明线方案）有重大致灾影响，应积极避让。对推荐线路存在如下影响：按照最不利的情况，全部转化为泥石流喷出，在中低速条件下泥石流龙头将逼近滑坡对面山体（即公路隧道山体）的 1 200 m 等高线，在高速运移条件下，其龙头将逼近 1 210 m 等高线。龙头的平面投影坐标尚不能到达隧道线路位置。研究区隧道底板标高为 1 118 m，与泥石流龙头的最短空间距离超过 100 m，其间隧道围岩为厚层白云岩，力学性质较好，对泥石流的冲击有较强的抵御能力，安全裕量充足。定性分析认为，NSL1 泥石流暴发对毛尖隧道的影响小。经定量测算，形成堰塞湖的概率低，但仍应开展极端工况条件下的定量分析。

定量分析极端工况条件下泥石流对高速公路隧道的影响。该极端工况如下：在暴雨的触发下，HP1 滑坡、DY208-1 隐患区同时移动并使大规模高速泥石流奔流而下，龙头翻越阻石坝，横穿干坝乡道，从谷底 1 140 m 高程向南爬坡至隧道所在山体的 1 225 m 高程，并且整个过程速度极快，只耗费 20 s。动力分析结果表明，隧道围岩位移以毫米计，最大位移不超过 3 mm，永久位移不超过 1 mm。该极端灾害对公路隧道而言仅相当于施加了 $0.04g$ 的地震加速度，即不超过区域抗震设防要求的 $0.05g$，对隧道的影响有限，在结构安全的承受范围内。

参考文献 References

常凯, 2017. 黄土地区泥石流对桥墩冲击的数值模拟研究[D]. 兰州: 兰州交通大学.

陈娱, 2017. 大箐泥石流对桥墩的冲击动力作用及灾害治理措施研究[D]. 昆明: 昆明理工大学.

陈厚群, 2011. 水工建筑物抗震设计规范修编的若干问题研究[J]. 水力发电学报, 30(6): 4-10, 15.

陈祖煜, 2010. 水利水电工程风险分析及可靠度设计技术进展[M]. 北京: 中国水利水电出版社.

崔文博, 向喜琼, 王晗旭, 2013. 贵州都匀马达岭滑坡运动特征研究[J]. 地下水, 35(3): 145-147, 153.

樊赟赟, 2010. 泥石流动力过程模拟及特征研究[D]. 北京: 清华大学.

高芳芳, 2016. 新型无粘结预应力泥石流拦挡坝动力响应性能分析[D]. 兰州: 兰州理工大学.

勾婷颖, 2017. 泥石流冲击连续刚构桥的动力响应分析[D]. 成都: 西南交通大学.

贵州省地质环境监测院, 2012. 贵州省重点地区重大地质灾害隐患详细调查都匀市专题报告[R]. 贵州: 贵州省地质环境监测院.

郭将, 曾超, 谢明宇, 等, 2018. 贵州省马达岭滑坡崩滑形成机制及堆积体稳定性分析[J]. 安全与环境工程, 25(2): 48-54, 60.

韩飞, 2013. 泥石流冲击作用下新型楔挡分流结构动力响应分析[D]. 兰州: 兰州理工大学.

韩志平, 2016. 新型钢拱拦挡坝在泥石流作用下的抗冲击性能研究[D]. 兰州: 兰州理工大学.

胡志明, 2014. 钢构泥石流格栅坝抗冲击性能研究[D]. 兰州: 兰州理工大学.

黄何勋, 2016. 泥石流冲击桥墩动力响应分析[D]. 昆明: 昆明理工大学.

黄龙阳, 2018. 泥石流冲击荷载下梳齿型拦挡坝力学特性及结构参数分析[D]. 绵阳: 西南科技大学.

黄兆升, 2013. 冲击荷载下新型泥石流拦挡结构动力响应分析[D]. 兰州: 兰州理工大学.

金鹏威, 2018. 泥石流冲击作用下管道动力响应分析[D]. 成都: 西南石油大学.

李健, 2012. 泥石流冲击作用下框架结构的数值模拟研究[D]. 兰州: 兰州理工大学.

李树忱, 李术才, 徐帮树, 2007. 隧道围岩稳定分析的最小安全系数法[J]. 岩土力学, 28(3): 549-554.

刘沛允, 2019. 泥石流冲击作用下砌体结构损伤失效与加固措施分析[D]. 太原: 太原理工大学.

刘晓, 2010. 汶川地震区斜坡动力反应研究[D]. 武汉: 中国地质大学(武汉).

刘晓, 唐辉明, 胡新丽, 等, 2012. 金鼓高速远程滑坡形成机制及动力稳定性[J]. 岩石力学与工程学报, 31(12): 2527-2537.

刘晓, 唐辉明, 熊承仁, 2013. 边坡动力可靠性分析方法的模式、问题与发展趋势[J]. 岩土力学, 34(5): 1217-1234.

刘晓, 唐辉明, 熊承仁, 等, 2015. 考虑能量-时间分布的边坡动力可靠性分析新方法[J]. 岩土力学, 36(5): 1428-1443.

刘晓, 张丽波, 郭将, 等, 2017a. 都匀至香格里拉高速公路(贵州境)都匀至安顺段马达岭滑坡体对线路的影响评价[R]. 武汉: 中国地质大学(武汉).

刘晓, 唐辉明, 黄磊, 等, 2017b. 基于支持向量机的边坡可靠性参数获取方法及装置: ZL 201710237941.0[P]. 2019-03-26.

刘晓, 唐辉明, 黄磊, 等, 2017c. 基于并行蒙特卡洛法的边坡可靠性参数获取方法及装置: ZL 201710238076.1[P]. 2019-01-08.

刘晓, 唐辉明, 黄磊, 等, 2017d. 基于模糊分类技术的边坡可靠性参数获取方法及装置: ZL 201710238077.6[P]. 2019-04-02.

刘晓, 唐辉明, 马俊伟, 等, 2019a. 一种冲击荷载计算方法及装置: ZL 201810526333.6[P]. 2019-07-09.

刘晓, 唐辉明, 马俊伟, 等, 2019b. 泥石流冲击荷载函数生成方法及装置: ZL 201810527748.5[P]. 2019-08-30.

刘晓, 唐辉明, 马俊伟, 等, 2020. 隧道围岩可靠性的评估方法及装置: ZL 201810527750.2[P]. 2020-03-10.

刘贞良, 2014. 泥石流冲击荷载作用下钢筋混凝土拦挡坝动力响应分析[D]. 兰州: 兰州理工大学.

吕志刚, 2014. 弹簧格构泥石流拦挡坝抗冲击性能研究 [D]. 兰州: 兰州理工大学.

乔芬, 2018. 新型泥石流柔性防护体系动力响应与试验研究[D]. 兰州: 兰州理工大学.

覃月璋, 2014. 泥石流对桥墩的冲击作用研究[D]. 成都: 西南交通大学.

任根立, 2019. 钢管柱-索网体系抗泥石流块石冲击性能与试验研究[D]. 兰州: 兰州理工大学.

史文兵, 2016. 山区缓倾煤层地下开采诱发斜坡变形破坏机理研究[D]. 成都: 成都理工大学.

孙鸿斌, 2016. 简支梁桥桥墩受泥石流冲击作用的数值模拟[D]. 秦皇岛: 燕山大学.

汤伏全, 1989. 采动滑坡的机理分析[J]. 西安科技大学学报 (3): 32-36.

王俊岭, 2012. 泥石流作用下砌体结构的流-固耦合动力响应[D]. 兰州: 兰州理工大学.

王朋, 2016. 泥石流作用下钢管混凝土桩林结构动力响应分析与试验研究[D]. 兰州: 兰州理工大学.

王玉川, 2013. 缓倾煤层采空区上覆山体变形破坏机制及稳定性研究[D]. 成都: 成都理工大学.

王玉川, 巨能攀, 赵建军, 等, 2013a. 缓倾煤层采空区上覆山体滑坡形成机制分析[J]. 工程地质学报, 21(1): 61-68.

王玉川, 巨能攀, 赵建军, 2013b. 马达岭滑坡室内岩石力学试验研究[J]. 水文地质工程地质, 40(3): 52-57.

肖建国, 2014. 缓倾采空区斜坡变形破坏及运动特征研究[D]. 成都: 成都理工大学.

谢仁海, 渠天祥, 钱光谟, 2007. 构造地质学[M]. 北京: 中国矿业大学出版社.

严松宏, 梁波, 高峰, 等, 2005. 考虑地震非平稳性的隧道纵向抗震可靠度分析[J]. 岩石力学与工程学报, (5): 818-822.

余政, 2016. 冲击荷载作用下泥石流拦挡坝变形破坏机制[D]. 西安: 西安科技大学.

张秦琦, 2016. 带阻尼器的新型泥石流格栅坝动力响应分析[D]. 兰州: 兰州理工大学.

张万泽, 2018. 泥石流大块石冲击作用下桩林结构受力机理研究[D]. 成都: 成都理工大学.

张智江, 2016. 新型泥石流格宾拦挡坝静动力性能研究[D]. 兰州: 兰州理工大学.

张倬元, 王士天, 王兰生, 1980. 工程地质分析原理[M]. 北京: 地质出版社.

赵建军, 肖建国, 向喜琼, 等, 2014. 缓倾煤层采空区滑坡形成机制数值模拟研究[J]. 煤炭学报, 39(3): 424-429.

赵建军, 蔺冰, 马运韬, 等, 2016a. 缓倾煤层采空区上覆岩体变形特征物理模拟研究[J]. 煤炭学报, 41(6): 1369-1374.

赵建军, 马运韬, 兰志勇, 等, 2016b. 平缓反倾采动滑坡形成的地质力学模式研究: 以贵州省马达岭滑坡为例[J]. 岩石力学与工程学报, (11): 2217-2224.

赵建军, 李金锁, 马运韬, 等, 2020. 降雨诱发采动滑坡物理模拟试验研究[J]. 煤炭学报, 45(2): 760-769.

赵尚毅, 郑颖人, 刘明维, 等, 2006. 基于Drucker-Prager准则的边坡安全系数定义及其转换[J]. 岩石力学与工程学报, 25: 2730-2734.

赵晓云, 2016. 泥石流冲击下砖砌体房屋破坏机理及防护结构数值模拟[D]. 秦皇岛: 燕山大学.

郑国足, 2013. 带弹簧支撑的新型泥石流拦挡坝抗冲击性能研究[D]. 兰州: 兰州理工大学.

中国大百科全书总委员会, 1985. 中国大百科全书力学卷[M]. 北京: 中国大百科全书出版社.

中国地质灾害防治工程行业协会, 2018. 泥石流防治工程设计规范(试行): T/CAGHP 021—2018[S]. 武汉: 中国地质大学出版社.

中华人民共和国交通运输部, 2020. 公路工程结构可靠性设计统一标准: JTG 2120—2020[S]. 北京: 人民交通出版社.

ARMANINI A, 1997. On the dynamic impact of debris flows[M]. Berlin, Heidelberg: Springer: 208-227.

BUGNION L, MCARDELL B W, BARTELT P, et al., 2012. Measurements of hillslope debris flow impact pressure on obstacles[J]. Landslides, 9(2): 179-187.

CANELLI L, FERRERO A M, MIGLIAZZA M, et al., 2012. Debris flow risk mitigation by the means of rigid and flexible barriers-experimental tests and impact analysis[J]. Natural hazards and earth system sciences, 12(5): 1693-1699.

CHRISTIAN J T, LADD C C, BAECHER G B, 1994. Reliability applied to slope stability analysis[J]. Journal of geotechnical engineering ASCE, 120(12): 2180-2207.

COZZOLINO L, PEPE V, MORTE R D, et al., 2016. One-dimensional mathematical modelling of debris flow impact on open-check dams[J]. Procedia earth and planetary science, 16: 5-14.

CUI P, ZENG C, LEI Y, 2015. Experimental analysis on the impact force of viscous debris flow[J]. Earth surface processes and landforms, 40(12): 1644-1655.

DAI F C, LEE C F, NGAI Y Y, 2002. Landslide risk assessment and management: An overview[J]. Engineering geology, 64(1): 65-87.

DAI Z L, HUANG Y, CHENG H L, 2017. SPH model for fluid-structure interaction and its application to debris flow impact estimation[J]. Landslides, 14(3): 917-928.

DONG Z F, ZHAI P F, SUN Q, 2018. Study on protective measures of debris flow impacting bridge piers[C]//2018 3rd International Conference on Smart City and Systems Engineering. New York: IEEE: 128-133.

EAMES I, FLOR J B, 2011. New developments in understanding interfacial processes in turbulent flows[J]. Philosophical transactions of the royal society A: Mathematical, physical & engineering sciences, 369(1937): 702-705.

FAUG T, 2015. Macroscopic force experienced by extended objects in granular flows over a very broad Froude-number range[J]. European physical journal E, 38(5): 34.

FERRERO A M, SEGALINI A, UMILI G, 2015. Experimental tests for the application of an analytical model for flexible debris flow barrier design[J]. Engineering geology, 185: 33-42.

FEYNMAN R, LEIGHTON R B, SANDS M, 1964. The Feynman lectures on physics[M]. Boston: Addison-Wesley.

GAO L, ZHANG L M, CHEN H X, 2017. Two-dimensional simulation of debris flow impact pressures on buildings[J]. Engineering geology, 226: 236-244.

HE S M, LIU W, LI X P, 2016. Prediction of impact force of debris flows based on distribution and size of particles[J]. Environmental earth science, 75(4): 298.

HONG Y, WANG J P, LI D Q, et al., 2015. Statistical and probabilistic analyses of impact pressure and discharge of debris flow from 139 events during 1961 and 2000 at Jiangjia Ravine, China[J]. Engineering geology, 187: 122-134.

HU K H, WEI F Q, LI Y, 2011. Real-time measurement and preliminary analysis of debris-flow impact force at Jiangjia Ravine, China[J]. Earth surface processes and landforms, 36(9): 1268-1278.

HUANG J S, GRIFFITHS D V, FENTON G A, 2010. System reliability of slopes by RFEM[J]. Soils and foundations, 50(3): 343-353.

HUNGR O, MORGAN G C, KELLERHALS R, 1984. Quantitative-analysis of debris torrent hazards for design of remedial measures[J]. Canadian geotechnical journal, 21(4): 663-677.

IDRISS I M, SUN J I, 1992. User's manual for SHAKE91[Z]. Davis: University of California.

Itasca Consulting Group Inc. 2009. FLAC3D: Fast Lagrangian analysis, 4.0 ed (computer software)[M]. Minneapolis: Itasca Consulting Group Inc.

IVERSON R M, REID M E, LAHUSEN R G, 1997. Debris-flow mobilization from landslides[J]. Annual review of earth and planetary sciences, 25: 85-138.

KANG D H, NAM D H, LEE S H, et al., 2018. Comparison of impact forces generated by debris flows using numerical analysis models[J]. Wit transactions on ecology and the environment, 220: 195-203.

KIM M I, KWAK J H, KIM B S, 2018. Assessment of dynamic impact force of debris flow in mountain torrent based on characteristics of debris flow[J]. Environmental earth science, 77(14): 1-15.

KWAN J S H, 2012. Supplementary technical guidance on design of rigid debris-resisting barriers (GEO report 270)[R]. Hong Kong: Geotechnical Engineering Office, the Government of the Hong Kong Special Administrative Region.

KWAN J S H, KOO R C H, LAM C, 2016. Pilot study on the design of multiple debris-resisting barriers (GEO report 319)[R]. Hong Kong: Geotechnical Engineering Office, the Government of the Hong Kong Special Administrative Region.

KWAN J S H, KOO R C H, LAM C, 2018. A review on the design of rigid debris-resisting barriers (GEO report 339)[R]. Hong Kong: Geotechnical Engineering Office, the Government of the Hong Kong Special Administrative Region.

KULHAWY F H, 1969. Finite element analysis of the behavior of embankments[D]. USA: University of California.

LEI Y, CUI P, ZENG C, et al., 2018. An empirical mode decomposition-based signal process method for two-phase debris flow impact[J]. Landslides, 15(2): 297-307.

LEONARDI A, WITTEL F K, MENDOZA M, et al., 2016. Particle-fluid-structure interaction for debris flow impact on flexible barriers[J]. Computer-aided civil and infrastructure engineering, 31(5): 323-333.

LI X Y, ZHAO J D, 2018. A unified CFD-DEM approach for modeling of debris flow impacts on flexible barriers[J]. International journal for numerical and analytical methods in geomechanics, 42(14): 1643-1670.

LI S C, WANG Q, WANG H T, et al., 2015. Model test study on surrounding rock deformation and failure mechanisms of deep roadways with thick top coal[J]. Tunnelling and underground space technology, 47: 52-63.

LICHTENHAHN C, 1973. Berechnung von sperren in beton und eisenbeton[J]. Mitteilungender forstlichen bundensanstalt wien. Heft, 102: 91-127.

LIU X, EZ ELDIN M A M, 2012. Case studies on equivalent issue of soil slope stability analysis methods[C]//4nd International Conference on New Development in Rock Mechanics and Rock Engineering. Beijing: CSRME: 65-71.

LIU X, GRIFFITHS D V, TANG H M, 2015. Comparative study of system reliability analysis methods for soil slope stability[M]//LOLLINO G, GIORDAN D, CROSTA G B, et al. Engineering geology for society and territory - volume 2. Switzerland: Springer: 1363-1366.

LIU X, NI W D, HUANG L, et al., 2017. Reliability analysis of tailings dams: A case study in Jiangxi Province, China[C]//Geotechnical Risk: From Theory to Practice, Geo-Risk 2017. Reston: ASCE: 178-187.

LIU D C, YOU Y, LIU J F, et al., 2019. Spatial-temporal distribution of debris flow impact pressure on rigid barrier[J]. Journal of mountain science, 16(4): 793-805.

LIU X, MA J W, TANG H M, et al., 2020. A novel dynamic impact pressure model of debris flows and its application on reliability analysis of the rock mass surrounding tunnels[J]. Engineering geology, 273: 109654.

LO D O K, 2000. Review of natural terrain landslide debris-resisting barrier design (GEO report 104)[R]. Hong Kong: Geotechnical Engineering Office, the Government of the Hong Kong Special Administrative Region.

LUNA B Q, REMAITRE A, VAN ASCH T W J, et al., 2012. Analysis of debris flow behavior with a one dimensional run-out model incorporating entrainment[J]. Engineering geology, 128: 63-75.

MA C, TAN Y H, LI E B, et al., 2016. Allowable deformation prediction for surrounding rock of underground caverns based on support vector machine[J]. Periodica polytechnica-civil engineering, 60(3): 361-369.

MCARDELL B W, BARTELT P, KOWALSKI J, 2007. Field observations of basal forces and fluid pore pressure in a debris flow[J]. Geophysical research letters, 34(7): 1-4.

MIZUYAMA T, 1979. Computational method and some considerations on impulsive force of debris flow acting on sabo dams[J]. Japan society of erosion control engineering, 112: 40-43.

NEWMARK N M, 1965. Effects of earthquakes on dams and embankments [J]. Geotechnique, 15(2): 139-160.

OUYANG C, HE S, TANG C, 2015. Numerical analysis of dynamics of debris flow over erodible beds in Wenchuan earthquake-induced area[J]. Engineering geology, 194: 62-72.

PROSKE D, 2011. Debris flow impact uncertainty modeling with grey numbers[C]//FABER M H, KOHLER J, NISHIJIMA K. Applications of statistics and probability in civil engineering, 11th International Conference on Applications of Statistics and Probability in Civil Engineering (ICASP), Zurich, Switzerland. Zurich: IEEE: 2776-2782.

RICKENMANN D, 1999. Empirical relationships for debris flows[J]. Natural hazards, 19(1): 47-77.

SAHOO J P, KUMAR J, 2012. Seismic stability of a long unsupported circular tunnel[J]. Computers and geotechnics, 44: 109-115.

SCHEIDL C, CHIARI M, KAITNA R, et al., 2013. Analysing debris-flow impact models, based on a small scale modelling approach[J]. Surveys in geophysics, 34(1): 121-140.

SCOTTON P, DEGANUTTI A M, 1997. Phreatic line and dynamic impact in laboratory debris flow experiments[C]//Debris-Flow Hazards Mitigation: Mechanics, Prediction, and Assessment. Reston: ASCE: 777-787.

SHEN W G, ZHAO T, ZHAO J D, et al., 2018. Quantifying the impact of dry debris flow against a rigid barrier by DEM analyses[J]. Engineering geology, 241: 86-97.

SONG D, NG C W W, CHOI C E, et al., 2017. Influence of debris flow solid fraction on rigid barrier impact[J]. Canadian geotechnical journal, 54(10): 1421-1434.

SONG D, CHOI C E, ZHOU G G D, et al., 2018. Impulse load characteristics of bouldery debris flow impact[J]. Geotechnique letters, 8(2): 111-117.

SONG D, ZHOU G G D, XU M, et al., 2019a. Quantitative analysis of debris-flow flexible barrier capacity from momentum and energy perspectives[J]. Engineering geology, 251: 81-92.

SONG D, ZHOU G G D, CHOI C E, et al., 2019b. Debris flow impact on flexible barrier: Effects of debris-barrier stiffness and flow aspect ratio[J]. Journal of mountain science, 16(7): 1629-1645.

SUN H W, LAM T T M, 2006. Use of standardized debris-resisting barriers for mitigation of natural terrain landslide hazards (GEO report 182)[R]. Hong Kong: Geotechnical Engineering Office, the Government of the Hong Kong Special Administrative Region.

SUN H W, LAM T T M, TSUI H M, 2005. Design basis for standardized modules of landslide debris-resisting barriers (GEO report 174)[R]. Hong Kong: Geotechnical Engineering Office, the Government of the Hong Kong Special Administrative Region.

TANG J B, HU K H, 2018. A debris-flow impact pressure model combining material characteristics and flow dynamic parameters[J]. Journal of mountain science, 15(12): 2721-2729.

TANG H M, LIU X, HU X L, et al., 2015. Evaluation of landslide mechanisms characterized by high-speed mass ejection and long-run-out based on events following the Wenchuan earthquake[J]. Engineering geology, 194: 12-24.

VAGNON F, FERRERO A M, SEGALINI A, et al., 2016. Experimental study for the design of flexible barriers under debris flow impact[M]. London: CRC Press: 1951-1957.

VAGNON F, SEGALINI A, 2016. Debris flow impact estimation on a rigid barrier[J]. Natural hazards earth system sciences, 16(7): 1691-1697.

WANG Q, JIANG B, LI S C, et al., 2016. Experimental studies on the mechanical properties and deformation 82 failure mechanism of U-type confined concrete arch centering[J]. Tunnelling and underground space technology, 51: 20-29.

WANG D P, CHEN Z, HE S M, et al., 2018. Measuring and estimating the impact pressure of debris flows on bridge piers based on large-scale laboratory experiments[J]. Landslides, 15(7): 1331-1345.

WATANABE M, IKEYA H, 1981. Investigation and analysis of volcanic mud flows on Mount Sakurajima Japan[C]//Proceedings of International Symposium of Erosion and Sediment Transport Measurement. Florence: IAHS Publ: 245-257.

XU B, LOW B K, 2006. Probabilistic stability analyses of embankments based on finite-element method[J]. Journal of geotechnical and geoenvironmental engineering, 132(11): 1444-1454.

YANG H J, WEI F Q, HU K H, et al., 2011. Measuring the internal velocity of debris flows using impact pressure detecting in the flume experiment[J]. Journal of mountain science, 8(2): 109-117.

YONG A C Y, LAM C, LAM N T K, et al., 2019. Analytical solution for estimating sliding displacement of rigid barriers subjected to boulder impact[J]. Journal of engineering mechanics, 145(3): 1-10.

ZAKERI A, 2009. Submarine debris flow impact on suspended (free-span) pipelines: Normal and longitudinal drag forces[J]. Ocean engineering, 36: 489-499.

ZANUTTIGH B, LAMBERTI A, 2006. Experimental analysis of the impact of dry avalanches on structures and implication for debris flows[J]. Journal of hydraulic research, 44(4): 522-534.

ZANUTTIGH B, LAMBERTI A, 2007. Instability and surge development in debris flows[J]. Reviews of geophysics, 45(3): 1-45.

ZENG C, CUI P, SU Z M, et al., 2015. Failure modes of reinforced concrete columns of buildings under debris flow impact[J]. Landslides, 12(3): 561-571.

ZHANG S, 1993. A comprehensive approach to the observation and prevention of debris flows in China[J]. Natural hazards, 7(1): 1-23.

ZHANG X, WEN Z P, CHEN W S, et al., 2019. Dynamic analysis of coupled train-track-bridge system subjected to debris flow impact[J]. Advances in structural engineering, 22: 919-934.

ZHAO H X, YAO L K, YOU Y, et al., 2018. Experimental study of the debris flow slurry impact and distribution[J]. Shock and vibration, 15 (4): 1-15.

ZHENG H, LIU D F, LI C G, 2005. Slope stability analysis based on elasto-plastic finite element method[J]. International journal for numerical methods in engineering, 64(14): 1871-1888.

ZHU W S, Li X J, ZHANG Q B, et al., 2010. A study on sidewall displacement prediction and stability evaluations for large underground power station caverns[J]. International journal of rock mechanics and mining sciences, 47: 1055-1062.